Faustwaffen der
Polizei im Deutschen Reich
bis 1945

Walther's Patent Mod. 9.
WALTHER
6.35

Olaf Koch

Faustfeuerwaffen
der
Polizei und Gendamerie
im Deutschen Reich
bis 1945

Verlag Rockstuhl

Sammlung Olaf Koch

Impressum

Umschlaggestaltung: Olaf Koch und Harald Rockstuhl

Titelbilder: FN Modell 1900 „Browning“ Seite 58, Pistole Walther Modell PPK Seite 26 Pistole Mauser Modell W.T.1 Seite 43. Fotografien Olaf Koch

Rückseite: Die Pistole 08. Fotografie: Olaf Koch

Bisherige Auflagen: 2019 mit der ISBN 978-3-95966-421-9

2. bearbeitete und erweiterte Auflage 2026

ISBN 978-3-95966-792-0

Inhalt: Textinhalte, technische Daten und Gestaltung, Technische Daten und geschichtliche Fakten zur Bewaffnung und Ausrüstung der deutschen Polizei mit einer Vielzahl von Pistolen-Modellen bis 1945 von Olaf Koch

Bild- und Schriftbearbeitung: Elke Koch

Fotos: Olaf Koch

Layout: Verlag Rockstuhl

Druck und Bindearbeit: Hergestellt in Deutschland

Gedruckt auf alterungsbeständigem Papier nach ISO 9706

Die Deutsche Nationalbibliothek verzeichnet diese Publikation in der Deutschen Nationalbibliografie. Detaillierte bibliografische Daten sind im Internet über *http://dnb.d-nb.de* abrufbar.

Verlag Rockstuhl
www.verlag-rockstuhl.de

Verlag Rockstuhl, Inhaber: Harald Rockstuhl
Mitglied des Börsenvereins des Deutschen Buchhandels e.V.
Lange Brüdergasse 12 in D-99947 Bad Langensalza/Thüringen
Telefon: 03603 / 81 22 46, E-Mail: verlag-rockstuhl@web.de
www.verlag-rockstuhl@web.de – https://d-nb.info/gnd/1064213219

Inhalt

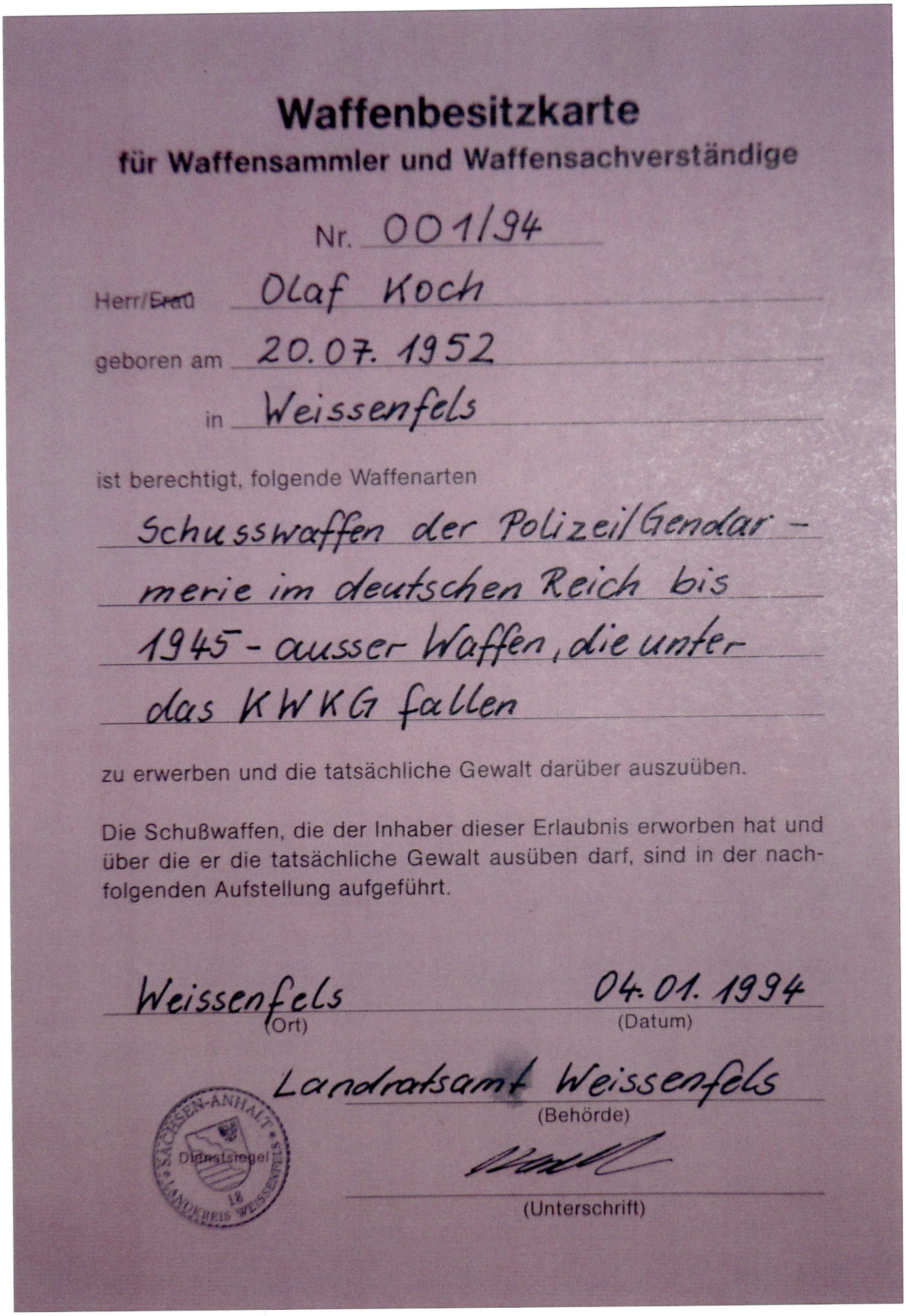

Waffenbesitzkarte

für Waffensammler und Waffensachverständige

Nr. 001/94

Herr/~~Frau~~ Olaf Koch

geboren am 20.07.1952

in Weissenfels

ist berechtigt, folgende Waffenarten

Schusswaffen der Polizei/Gendar-
merie im deutschen Reich bis
1945 - ausser Waffen, die unter
das KWKG fallen

zu erwerben und die tatsächliche Gewalt darüber auszuüben.

Die Schußwaffen, die der Inhaber dieser Erlaubnis erworben hat und über die er die tatsächliche Gewalt ausüben darf, sind in der nachfolgenden Aufstellung aufgeführt.

Weissenfels (Ort) — 04.01.1994 (Datum)

Landratsamt Weissenfels (Behörde)

Sachsen-Anhalt Dienstsiegel 18 Landkreis Weissenfels

(Unterschrift)

Einführung

Wissenswertes zum Erlangen der WBK

Das von der Behörde geforderte Gutachten zur „Kulturhistorischen Bedeutsamkeit der Sammlung“ sowie meine persönliche Eignung zum Umgang mit Schusswaffen wird dargestellt. Mein Lebensweg, Schule, Ausbildung, Wehrpflicht, gesellschaftliche Stellung, soziales Umfeld bis hin zum polizeilichen Führungszeugnis sind beinhaltet. Es wurde erstellt vom Schusswaffensachverständigen und Gutachter, Dipl. Verwaltungswirt Klemens Künneke. Er war und ist für jede Frage meinerseits und auftretenden Probleme der Sammlung betreffend hilfreich.

Die waffenrechtliche Erlaubnis, das Ausstellen der WBK für Waffensammler und Waffensachverständige vollzog der Fachbereichsleiter für Waffen- und Jagdrecht Jürgen Koschel.
Er hatte mir bei meiner Antragstellung den Schusswaffensachverständigen Klemens Künneke aus Hannover als Gutachter empfohlen und vermittelt. Heute wahrscheinlich undenkbar, aber wir schrieben das Jahr 1993. Es waren 3 Jahre nach der deutschen Einheit. Herr Koschel ist bis heute ein sehr kompetenter und sachlicher Fachbereichsleiter.

Prolog – Sachverständigen-Gutachter – Klemens Künneke

Kein Gegenstand ist so eng mit der Entwicklung der Menschheit verbunden wie die Waffe. Von der Entdeckung des Schießpulvers bis zum heutigen Tage spielten und spielen Schußwaffen in unserem Leben eine bedeutende Rolle. Zu den vielen Dingen, die der Mensch zur (vermeintlichen) Verbesserung seiner Lebensverhältnisse erfunden hat, gehören im besonderen Maße die Schußwaffen. Somit ist jede Waffe ein Zeugnis, dass die Kulturhöhe der sie benutzenden Zeit widerspiegelt und die technischen Möglichkeiten ihrer Epoche zeigt.
Durch die Waffe und ihre ständige Weiterentwicklung wurden Kriege entschieden und nichts prägte die Entwicklung der Völker mehr als die daraus erwachsenen Folgen im Guten wie im Schlechten.
Waffensammlungen dokumentieren die Bedeutung der Waffen im Leben des Menschen, im Krieg und im Frieden, bei der Jagd und beim Sport. Sie zeigen die geschichtliche und technische Entwicklung der verschiedenen Waffenarten. Der Polizei standen als Einrichtung zur Aufrechterhaltung von Ruhe, Sicherheit und Ordnung von je her zur Durchsetzung ihrer Aufgaben Waffen zur Verfügung. Die Waffenart orientierte sich stets am jeweiligen technischen Entwicklungsstand und an der politischen Situation im Land.
Neben Hieb- und Stoßwaffen gehörten und gehören besonders Faustfeuerwaffen zur Ausrüstung der Polizei.

Kurze Erläuterung zum Thema der Sammlung

Faustfeuerwaffen, also Pistolen und Revolver im Deutschen Kaiserreich, spiegeln die waffentechnische Entwicklung in Deutschland und in ganz Europa wider. Konstrukteure wie Mauser, Luger und Walther, um nur einige zu nennen, zeugen von ihrem Erfindergeist. Sie setzten Meilensteine, die weltweit Beachtung fanden und noch heute finden. Das „Know-how“, um es neudeutsch zu nennen — die Waffenkonstruktionen der Firmen Mauser und Walther — war in der ganzen Welt erfolgreich. Sie wurden zu Exportschlagern. Konstrukteure anderer Länder inspirierten sich daran und kopierten auch. Das ist nun einmal so, wenn etwas gut ist.

Die Geschichte, Entwicklung und der Einsatz bei Polizei, Gendarmerie sowie Armee über ein halbes Jahrhundert bieten ein sehr interessantes, geschichtsträchtiges Sammelgebiet.

Die Bewaffnung und Ausrüstung im Wilhelminischen Reich war Ländersache. Behörden in Bayern beschafften andere Waffen als zum Beispiel Preußen oder Sachsen. Zur damaligen Zeit wurde bei der Entwicklung von Faustfeuerwaffen weitgehend kein Unterschied zwischen Militär und Polizei gemacht. Dieser Umstand erwies sich als Vorteil. Im Kaiserreich rekrutierten sich Polizisten aus gedienten Offizieren und Unteroffizieren. Man ersparte sich so eine Ausbildung im Umgang mit Waffen und Munition; man war ja über die Jahre des Wehrdienstes bestens ausgebildet. Viele brachten eine persönliche Schusswaffe zur Selbstverteidigung — meistens eine Taschenpistole im Kaliber 6,35 mm — gleich mit.

Im Kaiserreich konnte man bis 1918 Faustfeuerwaffen (und natürlich Langwaffen) ohne Bedürfnisnachweis und ohne behördliche Bewilligung kaufen und führen.

Bis zum Ersten Weltkrieg und zum Teil auch bis 1945 war der Pistolenbestand der Polizeien im Deutschen Reich sehr vielfältig, da jede Länderbehörde unterschiedliche Waffen in den Bestand aufnahm. Es wurde beschafft, was auf dem europäischen Markt zur Verfügung stand. Neben deutschen Herstellern kamen auch ausländische Firmen wie Steyr aus Österreich und vor allem belgische Pistolenmodelle der Fabrique Nationale (FN) in die Ausrüstung.

John M. Browning, Konstrukteur bei der belgischen Firma FN, patentierte um 1900 die erste Taschenpistole der Welt, das Modell 1900 im Kaliber 7,65 Browning. Die Patrone 7,65 × 17 HR (Halbrand) wurde ebenfalls von ihm konstruiert. Diese Selbstladepistole war die erste Waffe der Neuzeit, die breite Verbreitung bei den deutschen Landespolizeien fand.

Zur Jahrhundertwende befanden sich in einigen Ländern — wie zum Beispiel Preußen, Sachsen und Bayern — die deutschen Revolvermodelle M79 und M83, vor allem in der Landgendarmerie, im Bestand.

In Bayern gehörte unter anderem die Werder-Pistole M69 noch bis 1918 zur Ausrüstung. Die Bewaffnung der Gendarmen umfasste jedoch auch die neuen Selbstladepistolen, etwa die Mauser C96 im Kaliber 7,63, die nur vereinzelt bei den berittenen Gendarmen vorzufinden war. Offiziere kauften sie oft privat.

Die Luger P08 und die lange „Ari“ 08, beide im Kaliber 9 mm Parabellum, wurden von den Behörden als geeignet für die Polizei übernommen. Die C96 war für den normalen Polizisten ungeeignet und blieb Spezialeinheiten vorbehalten. Alle genannten Modelle waren bis 1945 in der Ausrüstung.

Mit dem Ausbruch des Ersten Weltkrieges sind keinerlei Zuteilungen mehr an die Polizei erfolgt. Im Gegenteil: Die Modelle dieser Kalibergruppe wurden in großem Teil vom Heer eingezogen. Die Polizei bekam Beutewaffen zugewiesen. So kamen die ersten spanischen Rubys aus Frankreich — damals etwas Neues — mit Neun-Patronenmagazin im Kaliber 7,65 mm Browning in den Bestand. Das deutsche Militär lehnte das schwache Kaliber für die kämpfende Truppe ab. Pistolen im Kaliber 7,65 mm galten nur als Behelfswaffen.

Der normale Schutzmann/Schutzpolizist trug aber Selbstladepistolen im Kaliber 7,65 mm Browning. Für die Kriminalpolizei wurden unter anderem auch Waffen im Kaliber 6,35 mm angeschafft. Insbesondere sind die Modelle von 1913 von Sauer & Sohn, Mauser M14, Dreyse 1907, FN 1900/1910 sowie Walther Modell M4 zu nennen, alle im Kaliber 7,65 mm Browning. Waffen im Kaliber 6,35 mm Browning sind die Modelle FN 1906, Mauser M1910, Dreyse M1909 sowie die Walther M5 und M7. Das waren wohl die am meisten verwendeten Taschenpistolen der Polizei im Deutschen Kaiserreich bis 1918.

Nach dem verlorenen Ersten Weltkrieg, dem Ende des Kaiserreichs und der Ausrufung der Weimarer Republik sollte eine neue reformierte Polizei unter Auflagen des Versailler Vertrags aufgestellt werden. Es waren unruhige Jahre. Die schnell geschaffene Schutzpolizei (SIPO), die Umbenennung der Gendarmerie in Landjäger, waren vorsichtige Reformversuche. Bei den kommunalen und Kriminalpolizeien blieb vieles beim Alten.

Die SIPO wurde in Folge des Versailler Vertrags zum Zwecke der Entwaffnung Deutschlands wieder aufgelöst und um 1925 als Schutzpolizei neu aufgestellt, zum Teil mit dem gleichen Personal.

Die Bewaffnung, die sich im Bestand der Sicherheitsbehörden befand, blieb unverändert — mit einer Ausnahme: Laut Versailler Vertrag durften nur Pistolen mit maximal 10 cm Lauflänge verwendet werden. Aufgrund dessen wurden bei den langen Parabellums und den Mauser C96 die Läufe gekürzt sowie die Schiebevisiere auf Standvisier umgerüstet.

In der Zeit der Weimarer Republik kamen Pistolenmodelle des Konstrukteurs Ortgies im Kaliber 7,65 mm und 6,35 mm hinzu, die Langenhahn „Armee“ Kal. 7,65, die Lingnose im Kal. 6,35 sowie die Pistolen Jäger und DWM M23 Kal. 7,65.

Die Pistole 08 im Kaliber 9 mm Parabellum wurde zur Standardwaffe der Schutzpolizei bestimmt. Sie blieb es bis 1945, dem Ende des Zweiten Weltkrieges.

Bei den Gemeinde- und Kriminalpolizeibehörden blieben bis Ende der 1920er Jahre die große Vielzahl an Pistolenmodellen der bereits genannten Hersteller im Bestand der Länderbehörden. Es wurde nichts ausgemustert, sondern eingelagert für spätere Verwendungen.

Die Dreißigerjahre begannen mit den bekannten politischen Auseinandersetzungen, sprich Unruhen. In dieser Zeit brachte die Firma Walther, ansässig in Zella-Mehlis (Thüringen), ein neues Pistolenmodell auf den Markt. Es war für die Sicherheitsbehörden bestimmt.

Zur gleichen Zeit kam auch das als Behördenmodell firmierte Modell 30 von Sauer & Sohn auf den Waffenmarkt — allerdings noch mit dem alten Schlagbolzen-Schloss, aber mit einem besonderen Abzug, der eine Sperrklinke für mehr Sicherheit besaß. Diese Waffe wurde zum Teil in die Ausrüstung übernommen.

Die neuen Walther-Pistolen PP und PPK hatten jedoch ein völlig neues Abzugssystem. Es war wegweisend für alle modernen Pistolenkonstruktionen weltweit bis heute.

Die Walther PP wurde 1930 patentiert, die PPK folgte ein Jahr später. PP steht für Polizeipistole, das K bei der PPK für Kriminal; sie war etwas kleiner gehalten und mit einem 7-Schuss-Magazin ausgestattet. Die PP verfügte über ein 8-Schuss-Magazin. Das Standardkaliber beider Waffen betrug 7,65 mm Browning, jedoch wurden auch Pistolen in den Kalibern 9 mm kurz, 6,35 mm Browning und .22 l.r. produziert. Zu Trainingszwecken wurden von der Polizei Waffen im Kaliber .22 l.r. angeschafft.

Das Neue war der sogenannte Spannabzug (Double Action, DA), der einen schnellen ersten Schuss ermöglichte. Nun konnte die Waffe – geladen, mit einer Patrone im Patronenlager – gefahrlos am Mann getragen werden. Somit war ein gravierendes Sicherheitsproblem der Waffenträger beseitigt. Den Spannabzug gab es bei Revolvern schon länger, aber zum ersten Mal bei einer Pistole. Man kann durchaus sagen: Mit der PP begann eine neue Zeit in der Konstruktion von Pistolen. Die etwas später entwickelte Walther P38 im Kaliber 9 mm Parabellum hatte dasselbe Schloss-System (DA/SA) mit Entspannhebel.

Die P38 erhielten die Polizeien im Dritten Reich, allerdings nur in geringem Umfang. Sie war ursprünglich für die Wehrmacht als neue Dienstpistole entwickelt worden und sollte die Pistole 08 ablösen – was jedoch nicht vollständig gelang. Es herrschte Krieg, und Waffenmangel war an der Tagesordnung.

Heute besitzen nahezu alle modernen Pistolen dieses Schloss-System – ausgenommen reine Sportwaffen sowie die neueren Glock-Pistolen des österreichischen Konstrukteurs Gaston Glock. Ende der 1930er- und Anfang der 1940er-Jahre kamen das Modell 38 von Sauer & Sohn sowie die HSc der Firma Mauser im Kaliber 7,65 mm Browning mit dem neuen System der Walther-Pistolen auf den Markt.

Die Pistolen von Walther wurden von der Polizei in großem Maße übernommen; die Modelle von Sauer und Mauser kamen etwas zu spät, wurden aber in kleinerem Umfang von den Behörden angenommen. Alle genannten Waffen wurden jedoch auch von Heer, Luftwaffe und Marine geordert.

Zurück zur Geschichte: Mitte der 1930er-Jahre begann eine generelle Umrüstung und Neubeschaffung von Waffen für die deutsche Polizei. Pistolen im Kaliber 6,35 mm, die als nicht mehr brauchbar galten, wurden aus den Sicherheitsbehörden entfernt und an Bahn-, Forst-, Finanz- und Postverwaltungen abgegeben.

Als Ersatz kamen die Walther-Modelle M8 und M9, sowie vereinzelt die FN Baby, die dem Walther-Modell M9 sehr ähnelte. Neu in die Ausrüstung aufgenommen wurden die bereits erwähnten Walther PP und PPK sowie die Sauer & Sohn Modell 30, die als Behördenmodell bezeichnet wurde. Der Bestand an bereits vorhandenen Pistolen 08 wurde massiv erweitert – es war eine Vereinheitlichung der Bewaffnung angestrebt.

Mit der Machtübernahme der NSDAP im Jahr 1933 begann eine Neuordnung und Umstrukturierung der Sicherheitsorgane. Die Folge war eine Zentralisierung. Im Jahr 1936 wurden alle Polizeien der Länder aufgelöst. Die Landjäger hießen wieder Gendarmen; Heinrich Himmler wurde Chef der Deutschen Polizei und später zum Reichsführer SS und Polizei ernannt. Die Militarisierung nahm ihren Lauf. Ordnungspolizisten erhielten völlig neue Aufgaben: Im Falle eines Krieges sollte die Ordnungspolizei für die Sicherung und Aufrechterhaltung der Ordnung in den besetzten Gebieten sowie für die Überwachung der Nachschubwege sorgen. Es wurden Polizeibataillone gebildet, die gemeinsam mit der SS zur sogenannten Banden- bzw. Partisanenbekämpfung eingesetzt wurden.

Eine Polizeidivision wurde für den Fronteinsatz aufgestellt. Diese 4. Polizeidivision war der SS direkt unterstellt. Ihre Bewaffnung und Ausrüstung waren entsprechend militärisch.

Mit dem Anschluss Österreichs an das Deutsche Reich kamen auch die dortigen Pistolenmodelle in die Ausrüstung. Die österreichische Polizei hatte in ihrem Bestand unter anderem altgediente Steyr-Pistolen M1912 im Kaliber 9 mm Steyr sowie die Roth-Steyr M1907 und M1909, beide im Kaliber 7,65 mm Browning. Mit den Waffen kamen auch ihre Träger zur deutschen Ordnungspolizei, denn die österreichische Polizei wurde zu großen Teilen eingegliedert.

Mit der Zerschlagung der nach dem Ersten Weltkrieg neu gegründeten Tschechoslowakischen Republik (ČSR) Anfang 1939 erhielt die Ordnungspolizei ihre erste Aufgabe. Böhmen und Mähren wurden zum Reichsprotektorat ernannt, die Rest-Tschechei zur Ostmark, die Slowakei blieb selbständig.

Die Polizei der ČSR war nach ihrer Gründung mit einer Vielzahl von Waffen aus den Restbeständen des Ersten Weltkrieges ausgestattet. Es fanden sich unter anderem Frommer „Stop"-Pistolen aus der ehemaligen Donaumonarchie, Ruby-Pistolen aus französischen Beständen, Mauser C96 und Steyr M1912 im Bestand. Daneben standen auch moderne tschechische Waffen zur Verfügung: die Brünner CZ Modell 24 im Kaliber 9 mm kurz Browning mit starrer Verriegelung (Drehlauf) sowie die CZ Modell 27 im Kaliber 7,65 mm Browning. Etwas Besonderes waren konstruktionstechnisch die Pistolen Modell 38/39t (deutsche Fertigung, Kaliber 9 mm kurz) und das Modell 36, später M45 (Kaliber 6,35 mm Browning), beide von František Myska. Diese beiden Pistolenmodelle waren ihrer Zeit weit voraus: Sie besaßen ein Nur-Abzugsspannerschloss – heute als DAO (Double Action Only) bekannt – fanden damals jedoch wenig Anklang.

Mit dem Ausbruch des Zweiten Weltkrieges erlangten Beutewaffen einen wichtigen Stellenwert zur Ergänzung der Ausrüstung der kämpfenden Truppen. Wahrscheinlich kam es aufgrund der ständigen Reibereien zwischen der Heeresleitung und Himmlers SS über die Zuteilung neuer Waffen aus deutscher Produktion zu einem Führererlass.

Laut Führeranweisung vom 14. Juli 1941 galt: Alle für den Nichtkampfeinsatz bestimmten Verbände – wie etwa Wachpersonal und andere rückwärtige Dienste, aber auch SS- und Polizeieinheiten – waren auf Beutewaffen anzuweisen.

Das führte kurioserweise dazu, dass die SS- und Polizeieinheiten zum Teil über mehr Maschinenpistolen verfügten als das Heer selbst.

Alles erbeutete Gerät wurde gesammelt und registriert. Alle Waffen und Geräte sind in den „Kennblättern fremden Gerätes", herausgegeben vom Oberkommando des Heeres (OKH) / Heereswaffenamt, mit allen wichtigen technischen Daten genau aufgelistet und im Verlauf des Krieges ständig ergänzt worden.

Der Zweite Weltkrieg begann mit der Besetzung von Ländern in West- und Osteuropa. Die Polizeistrukturen und Behörden in Städten und auf dem Land blieben erhalten, da die zivile Ordnung und Sicherheit aufrechterhalten werden sollte. Die Polizisten wurden selbstverständlich von SS, SD und Gestapo auf ihre Gesinnung überprüft und blieben weiterhin unter Aufsicht der deutschen Sicherheitsbehörden. Die Bewaffnung und Ausrüstung blieben ihnen erhalten.

Im Osten, besonders in der Sowjetunion, funktionierte dieses Vorgehen nicht, da sich die dortigen Polizeien mit ihren Waffen und Ausrüstungen vollständig den Partisanen anschlossen. Im griechischen und jugoslawischen Königreich war es ebenso. Hier musste die deutsche Ordnungspolizei die zivile Ordnung und Sicherheit mit Hilfe einheimischer Kollaborateure wiederherstellen.

Faustfeuerwaffen der Polizei und Gendarmerie in den besetzten Ländern, die zu jener Zeit zum Deutschen Reich zählten, waren zum Teil bereits zuvor in der deutschen Polizei im Einsatz.

Neu hinzu kamen beispielsweise in Polen die VIS 35 im Kaliber 9 mm Parabellum, die den russischen Nagant-Revolver ablösen sollte, in Belgien und Holland das FN-Modell 1903 im Kaliber 9 mm long sowie das Bergmann-Modell M1910/21 im Kaliber 9 mm Bergmann.

Norwegen führte die Kongsberg M14 im Kaliber .45 ACP, einen Nachbau der Colt 1911A1, Frankreich nutzte die MAB Modell A im Kaliber 6,35 mm, die Modelle D und C im Kaliber 7,65 mm, sowie die MAS Modell 1935 A im Kaliber 7,65 mm long.

In der Sowjetunion befanden sich bereits seit der Zarenzeit die FN Modell 1903 im Kaliber 9 mm long, der Smith & Wesson Russia-Revolver im Kaliber .44, der Nagant-Revolver im Kaliber 7,62 mm sowie die Tokarew TT33 im Kaliber 7,62 mm im Bestand der Polizei.

Fremdes Gerät gelangte in großer Vielzahl in die Ausrüstung – der letzte große Posten an Waffen und Gerät kam Ende 1943 mit der teilweisen Besetzung Italiens hinzu. Dabei wurden unter anderem Beretta-Pistolen in den gebräuchlichen deutschen Kalibern übernommen. Dies war ein Vorteil, der sich bereits bei der früher eingeführten russischen Tokarew TT33 gezeigt hatte: Ihr Kaliber 7,62 mm war mit dem deutschen Kaliber 7,63 mm der Mauser-Pistole C96 kompatibel.

Die Vielzahl unterschiedlicher Kaliber führte jedoch im Kriegsverlauf oft zu Nachschubproblemen bei der Munition. Der Zweite Weltkrieg nahm seinen bekannten Verlauf bis zu seinem bitteren Ende am 8. Mai 1945, der totalen Kapitulation des Deutschen Reiches. Bis dahin waren die Verbände der deutschen Ordnungspolizei und der SS, besonders im Osten Europas, an zahlreichen Kriegsverbrechen beteiligt.

Mit dem Zusammenbruch des Dritten Reiches und der alten Ordnung wurde die deutsche Polizei nach der Kapitulation zunächst entwaffnet. Zuvor beließen die jeweiligen Kampfkommandanten in den befreiten Gebieten Deutschlands die alten Polizeireviere häufig bestehen, um zumindest für ein Mindestmaß an Ruhe und Ordnung zu sorgen – die Militärpolizei war damit strikt überfordert.

Deutschland bestand nun aus vier Besatzungszonen (BSZ). Es herrschte Nachkriegschaos in nahezu allen Bereichen. Die Siegermächte erkannten schnell, dass eine Ordnungsmacht erforderlich war, um die öffentliche Sicherheit wiederherzustellen.

Jede Besatzungszone stellte eigene Polizeibehörden auf. Die Richtlinien dafür wurden durch die Direktive Nr. 16 des Alliierten Kontrollrats über die Neubewaffnung der deutschen Polizei festgelegt. Diese Vorschriften wurden jedoch nicht in allen Zonen konsequent eingehalten.

In der sowjetischen Besatzungszone stellte man bereits Mitte 1945 Waffenscheine für als geeignet befundene neue Polizisten aus. In den westlichen Zonen geschah dies teils ebenfalls, jedoch mit deutlich größerer Skepsis gegenüber den Neupolizisten – vielerorts wurden zunächst nur Schlagstöcke ausgegeben.

Jede Besatzungsmacht ging bei der Schaffung von Ordnungsbehörden nach eigenen Vorstellungen vor und orientierte sich dabei teilweise an den Polizeistrukturen ihres Herkunftslandes.

Ein Neuanfang und die Aufstellung von Polizeibehörden nach demokratischen Vorstellungen begannen erst mit der Gründung der beiden deutschen Staaten im Jahr 1949.

Aber das ist ein anderes Sammelgebiet.

November 2025 *Olaf Koch*

PISTOLEN -PATRONEN

Kleinkaliberpatronen
5,6mm L.f.B./ 22L.r. 5,6x16

Die Patrone wurde etwa um 1887 von der US-amerikanischen Firma J. Stevens Arms & Tool Company aus der Patrone .22 Long entwickelt. Sie hat die gleiche Hülse, jedoch ein 2,5 g schweres Geschoss und eine 0,32 g schwere Schwarzpulverladung. Früher hieß sie „Special .22 Long cartridge for rifle use“ — also für die Verwendung in langläufigen Gewehren konzipiert. Unter der heutigen Bezeichnung .22 Long Rifle (.22 l.r., 5,6 mm), natürlich mit NC-Pulverfüllung, ist sie weltweit für Jagd- und Sportwaffen im Einsatz.

Technische Daten

Geschossdurchmesser	5,67mm
Hülsenlänge	15,57mm
Hülsenmaterial	Messing
Patronenlänge	24,6mm
Vo 330 m/s	
Eo 141 Jule	

Revolverpatrone
10,55 mm 10,55x25 R

Die Patrone wurde um 1887 von einer staatl. Kommission zur Bewaffnung/ Ausrüstung für den neuen dt. Revolver geortet. Sie war eine angepasste Patrone des US-Revolvers No.3 Russian Kal. 44 Smith&Wesson. Sie hatte Berdan-Zündung, 16g Bleigeschoss (gefettet) und 1,5g Schwarzpulver-Füllung. Mit NC-Pulver produziert bis in die dreißiger Jahre.

Technische Daten

Geschossdurchmesser	11mm
Hülsenlänge	24,65 bis 24,90 mm
Hülsenmaterial	Messing
Patronenlänge	36,50 mm
Vo 215 m/s	
Eo 393 Jule	

Pistolenpatrone
6,35mm Browning/ 25 ACP 6,35x15,5 HR

Die Patrone wurde 1906 von der Firma FN für die Browning Pistole Modell 1906 entwickelt. Die US Firma Colt fertigte die Patrone unter der Bezeichnung 25 Automatik (25ACP) für die eigenen Taschenpistolen. Die Patrone ist heute noch weit verbreitet.

Technische Daten

Geschossdurchmesser	6,30 bis 6,39mm
Hülsenlänge	15,27 bis 15,70mm
Hülsenmaterial	Messing
Patronenlänge	22,50 bis 23,00mm
Vo 230 m/s	
Eo 86 Jule	

Pistolenpatrone
7,65mm Browning/ 32 ACP 7,65x17 HR

Sie wurde im Jahr 1897 von John M. Browning in der belgischen Firma Fabrique Nationale (FN) für seine Taschenpistole Modell 1900 entwickelt. Die Firma Colt, Hartford (USA) übernahm die Patrone und bezeichnete sie als .32 Automatic (.32 ACP). Diese Patrone ist auch heute noch weit verbreitet.

Technische Daten

Geschossdurchmesser	7,70 bis 7,90mm
Hülsenlänge	6,90 bis 17,28mm
Hülsenmaterial	Messing, Alu
Patronenlänge	4,00 bis 25,00mm
Vo 295 m/s	
Eo 205 Jule	

Pistolenpatrone
9mm Browning kurz/ 380 ACP 9x17

Sie wurde 1908 von der Firma Colt Hartfort USA entwickelt und unter der Bezeichnung 380 Automatik (380 ACP) auf den Markt gebracht. FN übernahm sie für das Modell 1910. Heute spielt die Patrone keine Rolle mehr.

Technische Daten

Geschossdurchmesser	8,85 bis 9,05mm
Hülsenlänge	17,00 bis 17,35mm
Hülsenmaterial	Messing
Patronenlänge	24,00 bis 25,00mm
Vo 265 m/S	
Eo 218 Jule	

Pistolenpatrone
9mm Browning Long/380ACP 9x20

Die Patrone ist um 1900 von J.M.Browning bei FA FN entwickelt worden, bestimmt für die halbaut. Pistole Mod. 1903. Es war der Versuch das Militär anzusprechen. Was auch ge-lang. Ein Meilenstein in der Pistolenentwicklung. Übernommen von Rußland, Türkei und Schweden, die sie in Lizenz als Husqvarna M. 1907 fertigten. In Europa weitverbreitet bei Militär und Polizei. Gegen 1950 lief die Produktion aus.

Technische Daten

Geschossdurchmesser	8,95 bis 9,09 mm
Hülsenlänge	20,00 bis 20,30 mm
Hülsenmaterial	Messing
Patronenlänge	27,45 bis 28,00 mm
Vo 335 m/s	
Eo 280 Jule	

Pistolenpatrone
7,62mm Tokarew / Modell1930 7,62x25

Die Patrone wurde Ende der Zwanzigerjahre von F. W. Tokarew entwickelt und 1930 eingeführt. Er orientierte sich an der Mauser-Patrone 7,63 mm der C96-Pistole. In Russland war die C96 weit verbreitet. Berittene Kosakeneinheiten des Zaren führten die C96 mit Anschlagkasten in ihrer Ausrüstung.
Mauser fertigte nach dem Krieg für Russland die C96 „Bolo“ mit 10 cm langem Lauf. Der Geschossdurchmesser ist so gewählt, dass das Geschoss auch in die Läufe der Mosin-Nagant-Gewehre passt. So konnten im Zweiten Weltkrieg Läufe aus defekten Langwaffen noch für Pistolen und MPi umgearbeitet werden. Auch bei der Neuherstellung von Läufen erwies es sich als Vorteil: Die Werkzeugmaschinen waren universell einsetzbar. Im Krieg ein großer Vorteil — ein Laufdurchmesser (Kaliber) für Pistole, MPi, Gewehre und Karabiner.
Die Patrone wird bis heute hergestellt.

Technische Daten

Geschossdurchmesser	7,78 bis 7,82mm
Hülsenlänge	24,45 bis 25,00mm
Hülsenmaterial	Messing, Stahl lackiert
Patronenlänge	34,60 bis 35,00mm
Vo 430 m/s	
Eo 08 Jule	

Pistolenpatrone
7,63mm Mauser / 30 Mauser Automatik 7,63x25

Entwickelt von den Gebrüdern Feederle bei den Mauser-Werken für die Mauser C96-Pistole. Die Patrone war weltweit für Pistolen und Maschinenpistolen im Einsatz, spielt heute jedoch keine Rolle mehr – sie ist nur noch für Sammler und Sportschützen von Bedeutung.

Technische Daten

Geschossdurchmesser	7,67 bis 7,85mm
Hülsenlänge	4,00 bis 25,00mm
Hülsenmaterial	Messing, Stahl lackiert
Patronenlänge	34,50 bis 34,80mm
Vo 430 m/s	
Eo 509 Jule	

Revolverpatrone
Nagant 7,62 mm x 38 R

Der belgische Konstrukteur Léon Nagant schuf diese Spezialpatrone für seinen gasdichten Revolver. Sie hatte eine konische Randhülse, das Geschoss war bündig mit dem Hülsenmund eingesetzt, der nach innen gekröpft war. Eine weitere Verwendung ist nicht bekannt. Die Patrone wurde bis in die 1930er-Jahre hergestellt.

Technische Daten

Geschossdurchmesser	7,82mm
Hülsenlänge	38,80mm
Hülsenmaterial	Messing
Patronenlänge	39,80mm
Vo 295 m/s	
Eo 305 Jule	

Pistolenpatrone
9 mm Parabellum / Luger 9x19

Die Patrone wurde im Jahr 1902 von Georg Luger bei den Deutschen Waffen- und Munitionsfabriken (DWM) entwickelt, ursprünglich im Kaliber 7,65 mm konstruiert. Auf Wunsch der deutschen Heeresführung wurde sie auf 9 mm vergrößert. So wurde sie für die 1904 entwickelte lange Luger mit der Modellbezeichnung Marine 04 Parabellum verwendet. Fortan brachte die DWM sie — frei nach dem lateinischen Spruch *„Si vis pacem, para bellum“* (*„Wenn du Frieden willst, rüste zum Krieg“*) — unter der Bezeichnung Parabellum auf den Markt. Alle weiteren Modelle von Luger trugen dann ebenfalls die Bezeichnung Parabellum; die Patrone übernahm denselben Namen. Das Modell 04 wurde von der Kriegsmarine übernommen; 1908 folgte die kurze Ausführung beim Heer als Pistole 08 (P08) in die Bewaffnung. Die Parabellum-Patrone, in Deutschland auch als Pistolenpatrone 08 bezeichnet, zählt bis heute zu den weltweit am meisten verwendeten Pistolenpatronen.

Technische Daten

Geschossdurchmesser	8,90 bis 9,05 mm
Hülsenlänge	18,50 bis 19,20 mm
Hülsenmaterial	Messing, Alu und Stahl lackiert
Patronenlänge	28,90 bis 29,25 mm
Vo 345 m/s	
Eo 490 Jule	

Pistolenpatrone
9 mm Steyr 9x23

Die Patrone wurde von der Österreichischen Waffenfabrikgesellschaft Steyr für die Pistole Steyr Modell 1911 entwickelt. Sie kam nur in den Ländern der Donaumonarchie in Gebrauch, da die Steyr-Pistole nur begrenzt in den mitteleuropäischen Ländern in der Ausrüstung war und nur nach Chile exportiert wurde. Weitere Pistolenmodelle, die für diese Patrone eingerichtet waren, sind nicht bekannt. Im Gegenteil: Steyr-Pistolen wurden im Zweiten Weltkrieg auf das Kaliber 9 mm Parabellum umgerüstet und mit „Steyr 08“ gekennzeichnet.

Technische Daten

Geschossdurchmesser	8,95 bis 9,05 mm
Hülsenlänge	22,70 bis 23,20 mm
Hülsenmaterial	Messing
Patronenlänge	32,8 bis 33,3 mm
Vo 360 m/s	
Eo 505 Jule	

Die Pistolen-Modelle der Sammlung

Walther Modell 4
Kaliber 7,65 mm Browning

Hersteller/Konstr.	Carl Walther
Waffenfabrik	Zella-St. Blasii/Thür.
Konstruktionsjahr	1910
Modell	M4
Kaliber	7,65 Browning
Magazin 8Patr.	Wechselmagazin einreihig
Gesamtlänge	152 mm
Höhe	108 mm
Lauflänge	85 mm
Gewicht	550 g
Griffschalen	Hartgummi
Finish	brüniert
Sicherung	Hebelsicherung
Verschlußsystem	Rückstoßlader mit

Feder-Masse-Verschluß
Hahn-Schlagbolzen-Schloß mit innen liegendem Hahn

Beschriftung

Links: Selbstlade-Pistole Cal.7,65 Walther's Patent Waltherschleife
Rechts: Carl Walther Waffenfabrik Zella-St. Blasii
Griffschalen: beidseitig, Walther Firmenlogo C.W.

Walther Modell 5
Kaliber 6,35 mm Browning

Hersteller/Konstr.	Carl Walther
Fabrik Carl Walther	Zella-Mehlis/Thür.
Konstruktionsjahr	1909
Modell	M 5
Kaliber	6,35 Browning
Magazin 6 Patr.	Wechselmagazin einreihig
Gesamtlänge	107 mm
Höhe	80 mm
Lauflänge	54 mm
Gewicht	275 g
Griffschalen	Hartgummi schwarz
Finish	brüniert
Sicherung	Hebel-Sicherung
Verschlußsystem	Rückstoßlader mit Feder-Masse-Verschluß

Schlagbolzen-Schloß

Beschriftung

Links:	Walther´s Patent Cal. 6,35 Waltherschleife
Rechts:	Waffenfabrik Walther Zella-Mehlis
Griffschalen:	beidseitig
Walther	Firmenlogo C.W.

Walther Modell 7
Kaliber 6,35 mm Browning

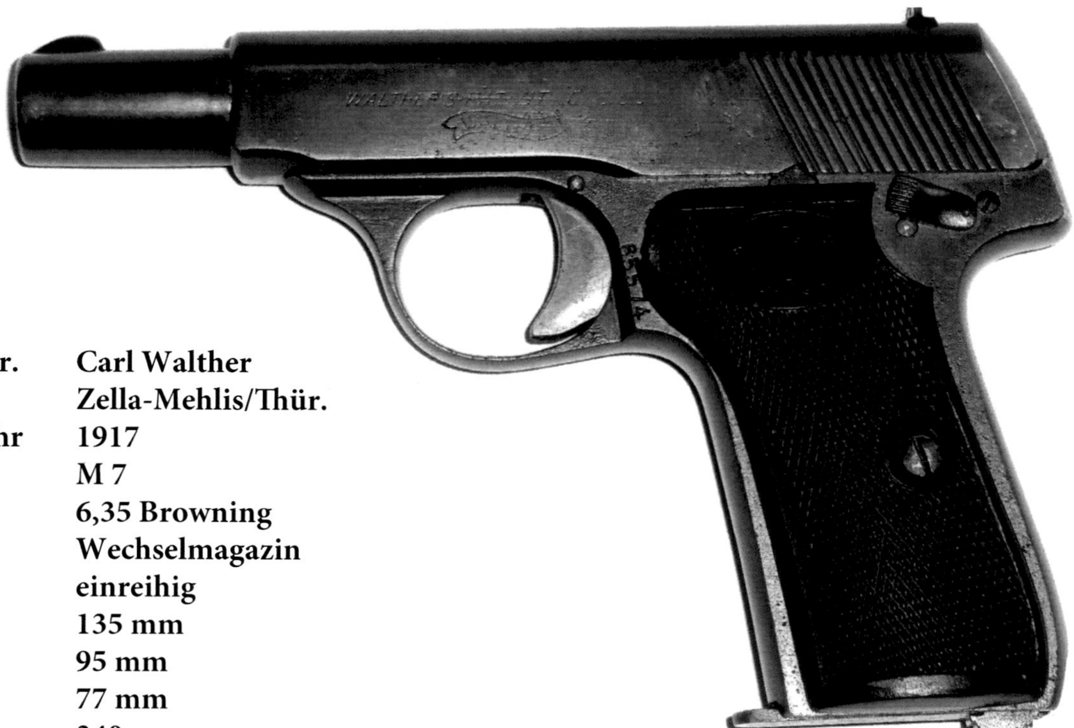

Hersteller/Konstr.	**Carl Walther**
Waffenfabrik	**Zella-Mehlis/Thür.**
Konstruktionsjahr	**1917**
Modell	**M 7**
Kaliber	**6,35 Browning**
Magazin 8Patr.	**Wechselmagazin einreihig**
Gesamtlänge	**135 mm**
Höhe	**95 mm**
Lauflänge	**77 mm**
Gewicht	**340 g**
Griffschalen	**Hartgummi**
Finish	**brüniert**
Sicherung	**Hebelsicherung**
Verschlußsystem	**Rückstoßlader mit Feder-Masse-Verschluß**
Hahn-Schagbolzen-Schloß	**innen liegender Hahn**

Beschriftung

Links: Walther's Patent Cal. 6,35
Waltherschleife
Rechts: ohne
Griffschalen: beidseitig, Walther
Firmenemblem C.W.

Walther Modell 8
Kaliber 6,35 mm Browning

Hersteller/Konstr.	Walther's Pat.
Waffenfabrik	Zella-Mehlis/Thür.
Konstruktionsjahr	1920
Modell	M 8
Kaliber	6,35 Browning
Magazin 8Patr.	Wechselmagazin einreihig
Gesamtlänge	127 mm
Höhe	94 mm
Lauflänge	72 mm
Gewicht	340 g
Griffschalen	Hartgummi
Finish	brüniert
Sicherung	Hebelsicherung
Verschlußsystem	Rückstoßlader mit Feder-Masse-Verschluß
Hahn-Schlagbolzen-Schloß	innen liegender Hahn

Beschriftung

Links: Walther's Patent Mod.8
Waltherschleife
Rechts: Waffenfabrik Walther Zella-Mehlis/Th.
Griffschalen: links emailliertes Medaillon 6,35
rechts emailliertes Med. C.W.

Walther Modell 9
Kaliber 6,35 mm Browning

Hersteller/Konstr.	Walther's Patent
Waffenfabrik	Zella-Mehlis/Thür.
Konstruktionsjahr	1921
Modell	M 9
Kaliber	6,35 Browning
Magazin 6Patr.	Wechselmagazin einreihig
Gesamtlänge	102 mm
Höhe	68 mm
Lauflänge	51 mm
Gewicht	255 g
Griffschalen	Hartgummi sw.
Finish	brüniert
Sicherung	Hebelsicherung
Verschlußsystem	Rückstoßlader mit

Feder-Masse-Verschluß
Schlagbolzen-Schloß

Beschriftung

Links: Walther's Patent Mod. 9
Waltherschleife
Rechts:
Waffenfabrik Walther Zella-Mehli/Thür.
Griffschalen: beidseitig ohne
Besonderheit:
Anstelle des emaillierten Medaillons beidseitig brünierte Metallscheiben

Walther Modell PP
Kaliber 7,65 mm Browning

Hersteller/Konstr. Walther's Patent
Waffenfabrik Zella-Mehlis/Thür.

Konstruktionsjahr	**1929**
Modell	**PP**
Kaliber	**7,65 Browning**
Magazin 8Patr.	**Wechselmagazin einreihig**
Gesamtlänge	**170 mm**
Höhe	**111 mm**
Lauflänge	**98 mm**
Gewicht	**670 g**
Griffschalen	**schwarz Trolitan**
Finish	**brüniert**
Sicherung	**Walze, 60 Grad**
Verschlußsystem	**Rückstoßlader**

Feder-Masse-Verschluß
Hahn-Schlagbolzen-Schloß
Spannabzug, Entspannhebel, DA/SA

Beschriftung

Links: Waffenfabrik Walther Zella-Mehlis/Th.
Waltherschleife
Walther's Patent Cal. 7,65 $^{m}/_{m}$ Mod. PP
Rechts: ohne
Griffschalen: beidseitig Waltherschleife
Beweglicher Bügel für Fangschnur

Walther Modell PP
Kaliber 22 l.r./ 5,6 mm l.f.B.

Hersteller/Konstr.	Walther's Pat.
Waffenfabrik	Fa.Walther
Konstruktionsjahr	1929
Modell	PP
Kaliber	5,6 mm l.f.B.
Magazin 8Patr.	Wechselmagazin einreihig
Gesamtlänge	170 mm
Höhe	111 mm
Lauflänge	98 mm
Gewicht	640 g
Griffschalen	Plaste schwarz
Finish	brüniert
Sicherung	Hebel 60 Grad
Verschlußsystem	Rückstoßlader

Feder-Masse-Verschluß
Hahn-Schlagbolzen-Schloß
Spannabzug, Entspannhebel, DA/SA

Beschriftung

Links: Waltherschleife Made W.Germany
Carl-Walther Waffenfabrik Ulm/D.
Modell PP Cal. 22 l.r.
Rechts: ohne
Griffschalen: beidseitig Waltherschleife
Beweglicher Bügel für Fangschnur
Beleg-Waffe

Walther Modell PPK
Kaliber 7,65 mm Browning

Hersteller/Konstr.	Walther's Patent
Waffenfabrik	Zella-Mehlis/Thür.
Konstruktionsjahr	1930
Modell	PPK
Kaliber	7,65 mm Browning
Magazin 7Patr.	Wechselmagazin einreihig
Gesamtlänge	155 mm
Höhe	105 mm
Lauflänge	83 mm
Gewicht	570 g
Griffschalen	rotbraun Trolitan
Finish	brüniert
Sicherung	Walze, 60 Grad
Verschlußsystem	Rückstoßlader

Feder-Masse-Verschluß
Hahn-Schlagbolzen-Schloß
Spannabzug Entspannhebel, DA/SA

Beschriftung

Links: Waffenfabrik Walther Zella-Mehlis (Thür.)
Waltherschleife
Walther's Patent Cal. 7,65 $^{m}/_{m}$ Mod. PPk
Rechts: ohne
Griffschalen: beidseitig Waltherschleife
Haltebügel für Fangschnur

Walther Modell 1938 P.38
Kaliber 9 mm Parabellum

Hersteller/Konstr. cyq Spreewerke Berlin Spandau, Patent F. Walther

Konstruktionsjahr	1936
Modell	P.38
Kaliber	9 mm Parabellum
Magazin 8Patr.	Wechselmagazin einreihig
Gesamtlänge	217 mm
Höhe	38 mm
Lauflänge	125 mm
Gewicht	954 g
Griffschalen	braun Bakelit
Finish	brüniert
Sicherung	Walze, 60 Grad
Verschlußsystem	Rückstoßlader

mit starrer Verriegelung und Kippriegel
Hahn-Schlagbolzen-Schloß,
Spannabzug Entspannhebel, DA/SA

Beschriftung

Links: P.38, cyq Herstellercode für Spreewerke Berlin-Spandau
Rechts: ohne
Griffschalen: Links Daumenauflage
Rechts: Fangschnurhalter

Parabellum Modell 1908 P.08
Kaliber 9 mm Parabellum

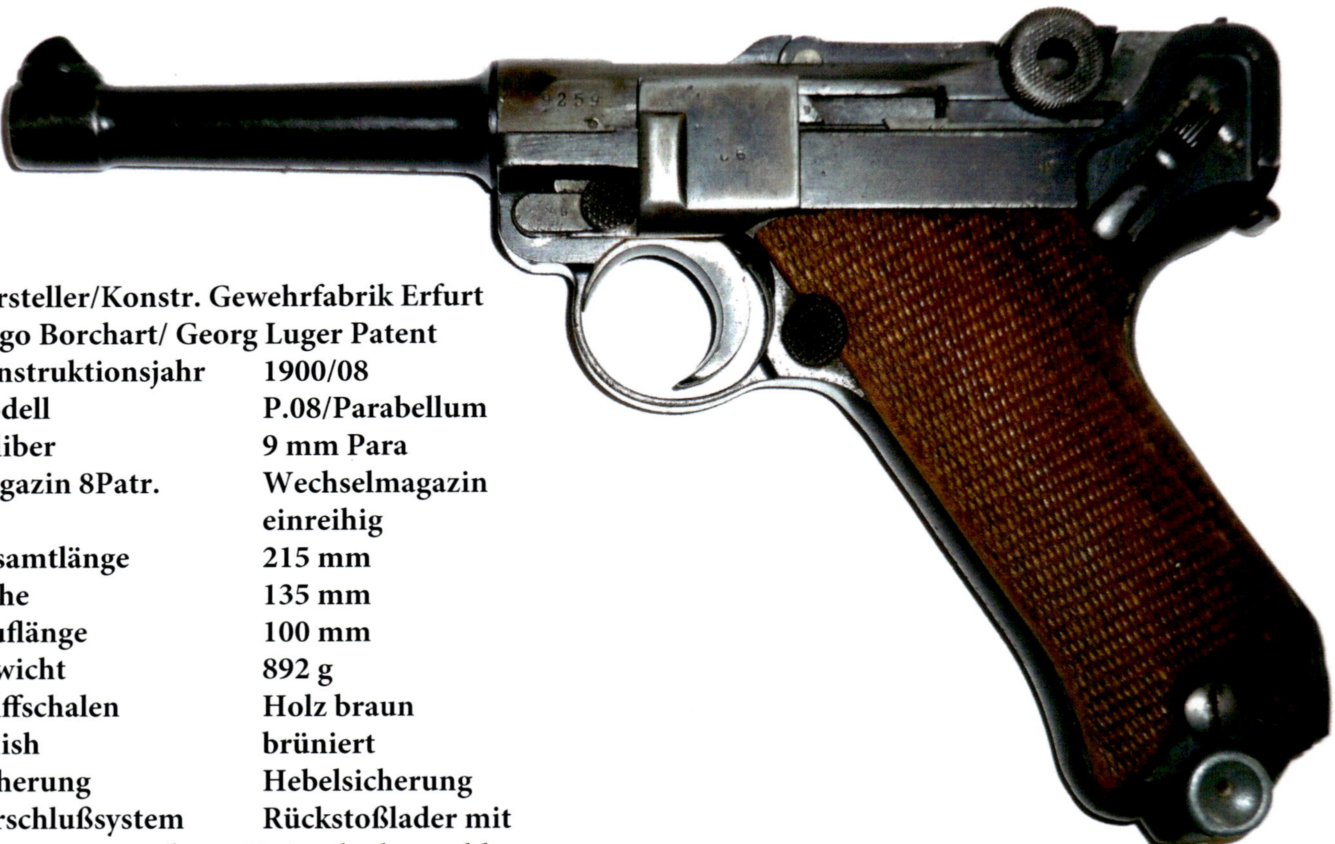

Hersteller/Konstr. Gewehrfabrik Erfurt	
Hugo Borchart/ Georg Luger Patent	
Konstruktionsjahr	1900/08
Modell	P.08/Parabellum
Kaliber	9 mm Para
Magazin 8Patr.	Wechselmagazin einreihig
Gesamtlänge	215 mm
Höhe	135 mm
Lauflänge	100 mm
Gewicht	892 g
Griffschalen	Holz braun
Finish	brüniert
Sicherung	Hebelsicherung
Verschlußsystem	Rückstoßlader mit

starrer Verriegelung, Kniegelenkverschl.
Schlagbolzen-Schloß

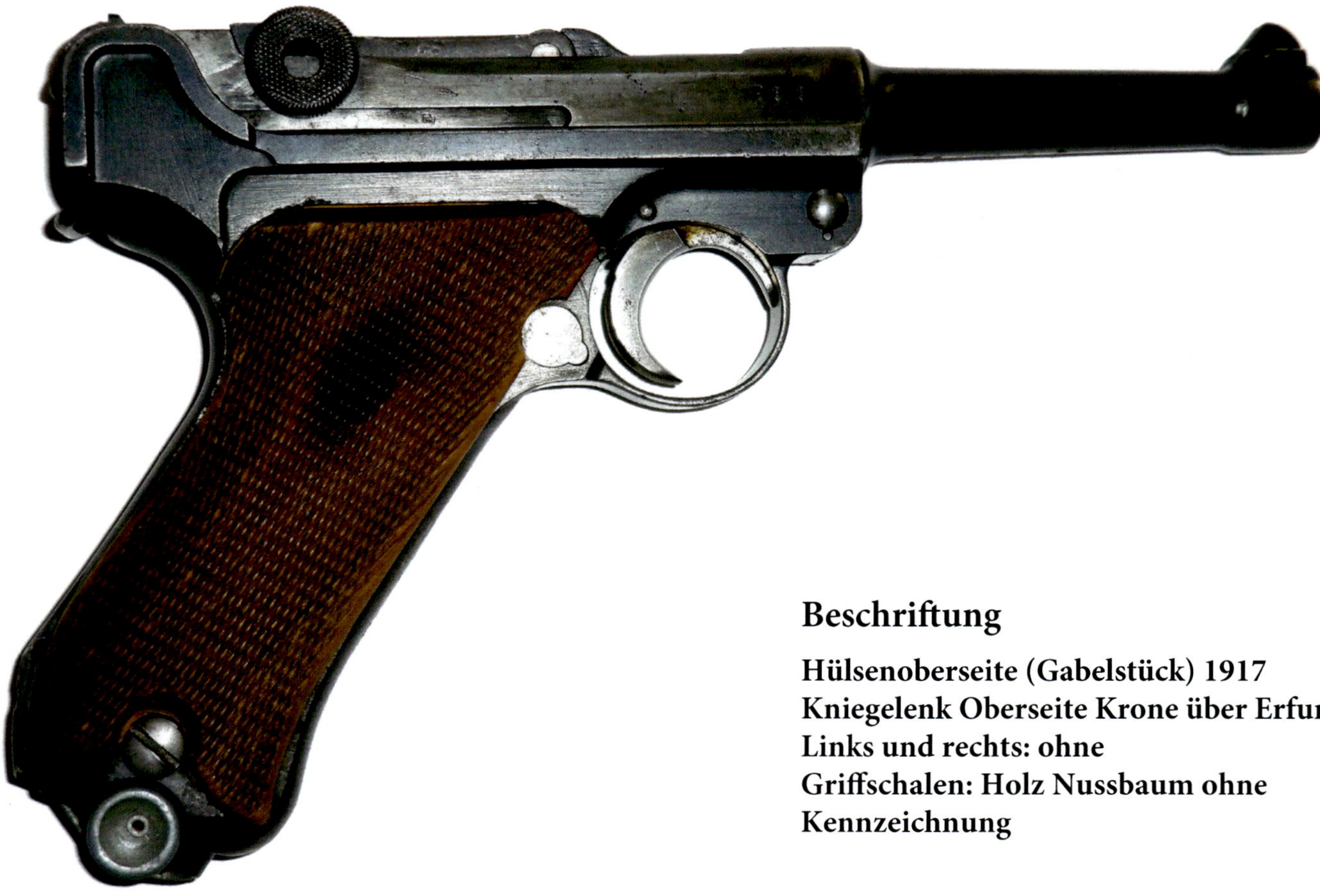

Beschriftung

Hülsenoberseite (Gabelstück) 1917
Kniegelenk Oberseite Krone über Erfurt
Links und rechts: ohne
Griffschalen: Holz Nussbaum ohne Kennzeichnung

Langenhan F.L. Selbstlader Modell 1 „Armee“ Kaliber 7,65 mm Browning

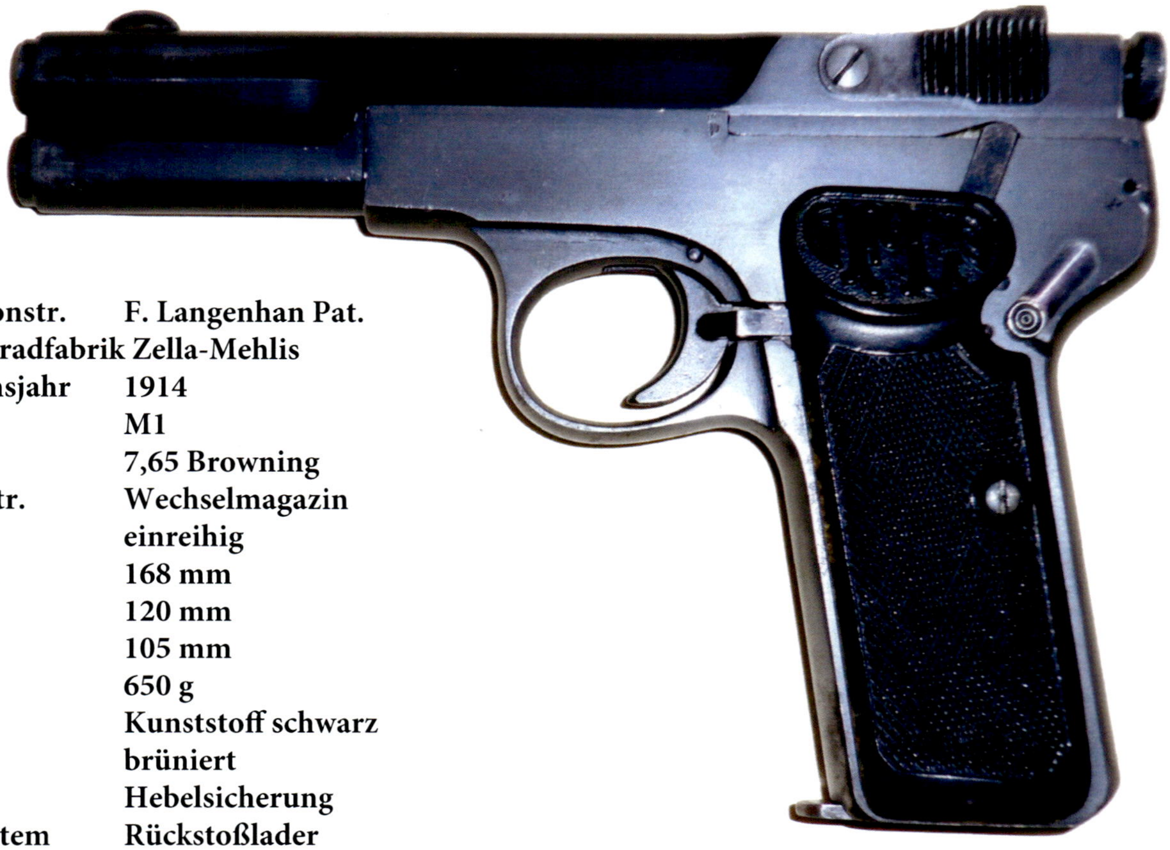

Hersteller/Konstr.	F. Langenhan Pat.
Gewehr/Fahrradfabrik	Zella-Mehlis
Konstruktionsjahr	1914
Modell	M1
Kaliber	7,65 Browning
Magazin 8Patr.	Wechselmagazin einreihig
Gesamtlänge	168 mm
Höhe	120 mm
Lauflänge	105 mm
Gewicht	650 g
Griffschalen	Kunststoff schwarz
Finish	brüniert
Sicherung	Hebelsicherung
Verschlußsystem	Rückstoßlader

Feder-Masse-Verschluß
Hahn-Schlagbolzen-Schloß mit innen liegenden Hahn

Beschriftung

Rechts: F.L. Selbstlader
DRGM 625763-633251
Links: ohne
Griffschalen: beidseitig Firmenlogo F.L.

Menz Modell Menta Pat. Liz. Beholla, Stenda, Leonard
Kaliber 7,65 mm Browning

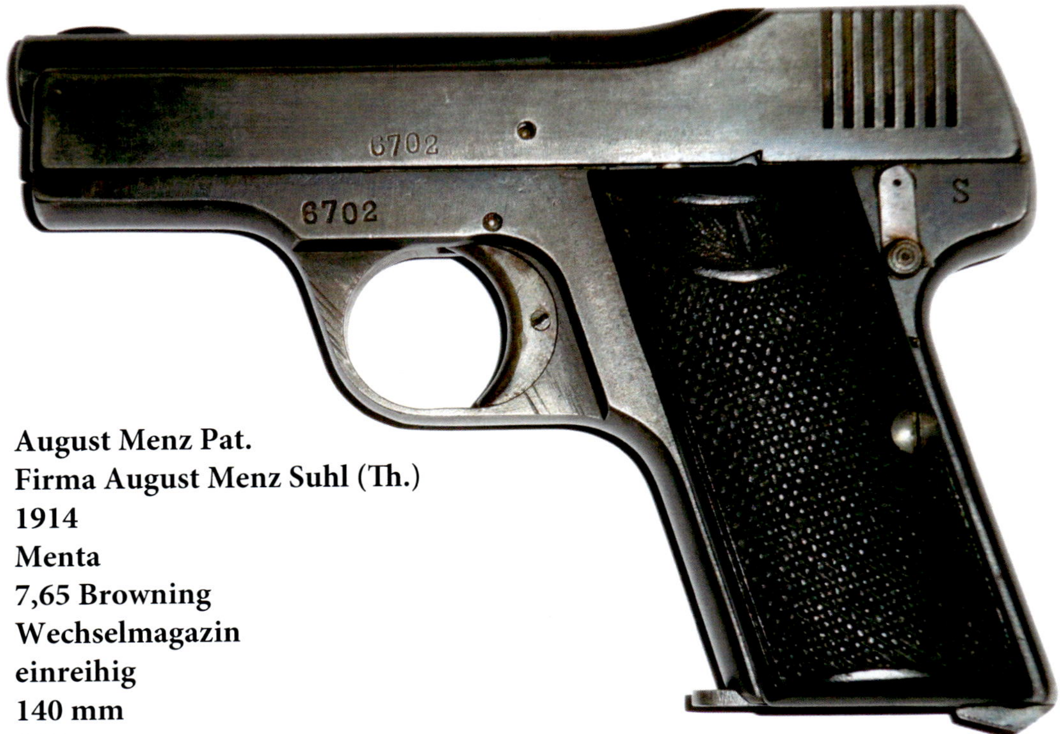

Hersteller/Konstr.	August Menz Pat.
Waffenfabrik	Firma August Menz Suhl (Th.)
Konstruktionsjahr	1914
Modell	Menta
Kaliber	7,65 Browning
Magazin 7Patr.	Wechselmagazin einreihig
Gesamtlänge	140 mm
Höhe	105 mm
Lauflänge	75 mm
Gewicht	640 g
Griffschalen	Kunststoff schwarz
Finish	brüniert
Sicherung	Hebelsicherung
Verschlußsystem	Rückstoßlader mit Federmasseverschluß Schlagbolzen-Schloß

Beschriftung

Rechts und links: ohne
Griffschalen beidseitig: Menz Logo

DWM Modell 1923
Kaliber 7,65 mm Browning

Hersteller/Konstr.	Konstr.abtl. DWM Berlin
Deutsche Waffen- und Munitionsfabriken/Erfurt	
Konstruktionsjahr	1922
Modell	M 1923
Kaliber	7,65 mm Browning
Magazin 7Patr.	Wechselmagazin einreihig
Gesamtlänge	152 mm
Höhe	101 mm
Lauflänge	98 mm
Gewicht	570 g
Griffschalen	Holz braun
Finish	brüniert
Sicherung	Hebel- und Handballen
Verschlußsystem	Rückstoßlader mit Feder-Masse-Verschluß Schlagbolzen-Schloß

Beschriftung

Links: DWM
Rechts: ohne
Griffschalen:
beidseitig ohne
Besonderheit:
niedrige Waffen – Nr. 182a
von ca. 22.000 Stück

Kommer Modell 4
Kaliber 7,65mm Browning

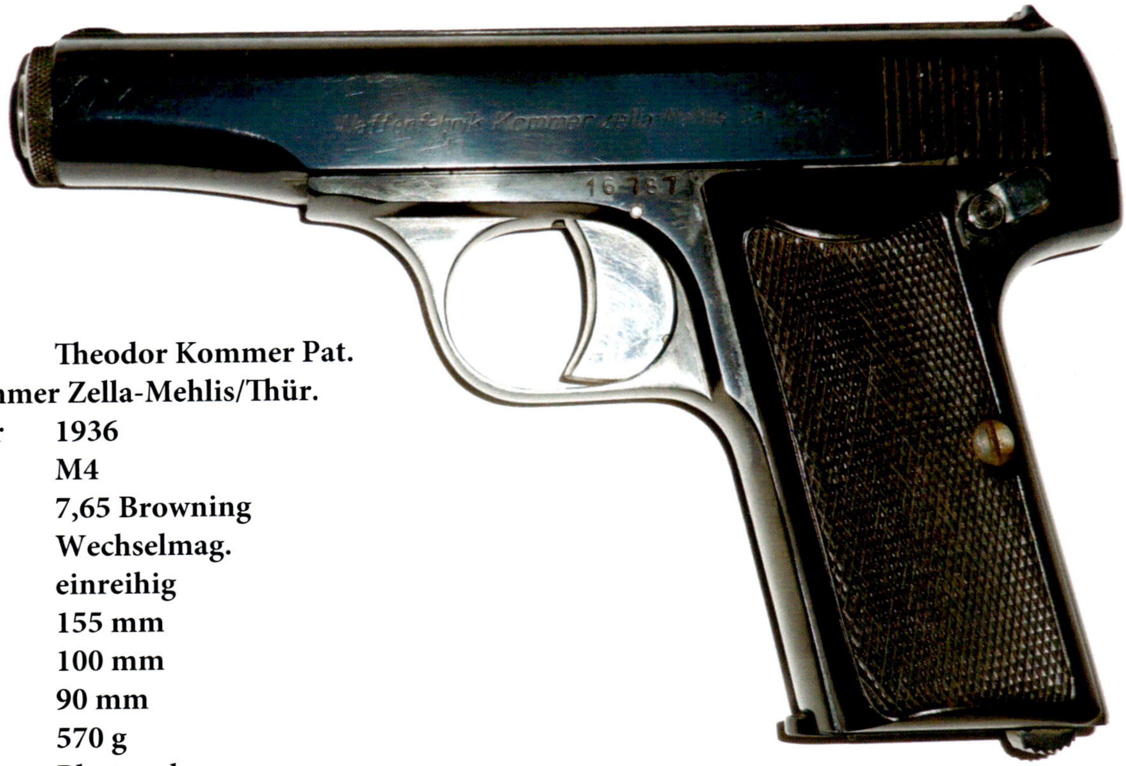

Hersteller/Konstr.	Theodor Kommer Pat.
Waffenfabrik Kommer Zella-Mehlis/Thür.	
Konstruktionsjahr	1936
Modell	M4
Kaliber	7,65 Browning
Magazin 7 Patr.	Wechselmag. einreihig
Gesamtlänge	155 mm
Höhe	100 mm
Lauflänge	90 mm
Gewicht	570 g
Griffschalen	Plaste schw.
Finish	brüniert
Sicherung	Hebel-Sicherung
Verschlußsystem	Rückstoßlader
Feder-Masse-Verschluß	
Hahn-Schlagbolzen-Schloß	

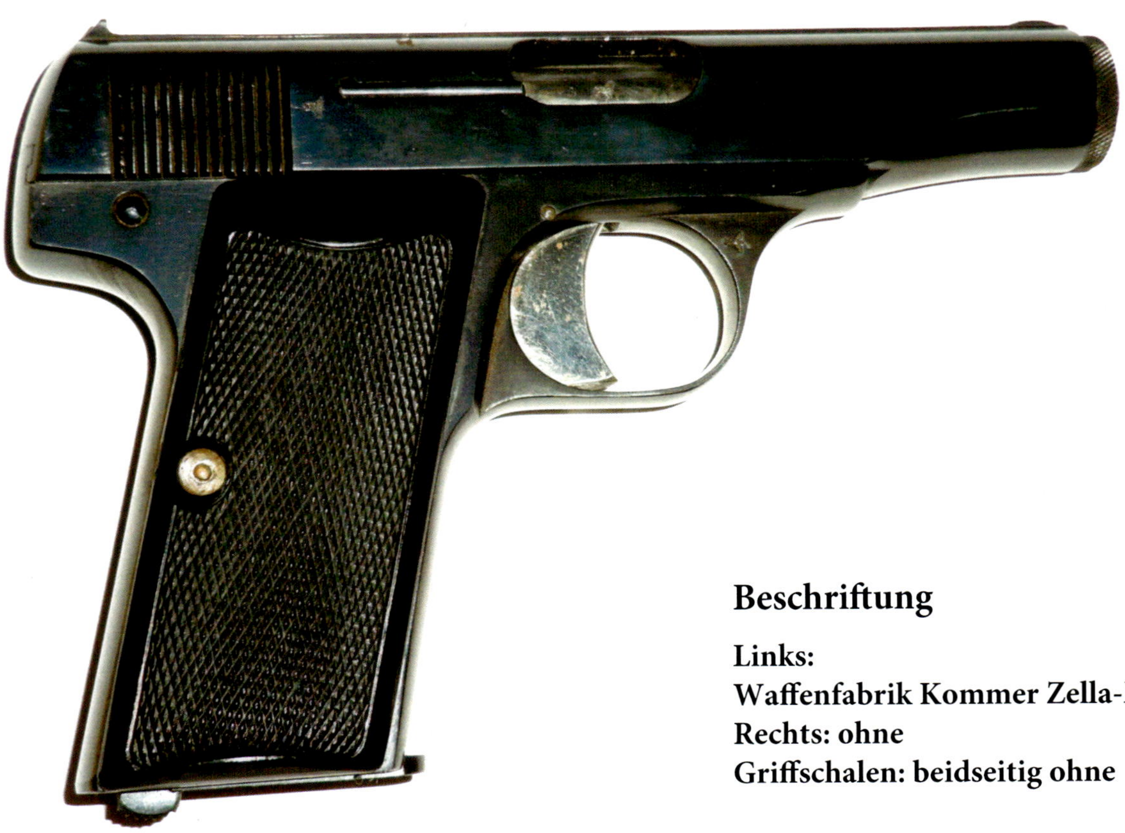

Beschriftung

Links:
Waffenfabrik Kommer Zella-Mehlis CL. 7,65
Rechts: ohne
Griffschalen: beidseitig ohne

Dreyse Modell 1909 Pat. Luis Schmeisser
Kaliber 6,35 mm Browning

Hersteller/Konstr. Dreyse, Rheinische
Metall-u. Masch.Fabrik, Abt. Sömmerda

Konstruktionsjahr	**1908**
Modell	**M 1909**
Kaliber	**6,35 Browning**
Magazin 6Patr.	**Wechselmagazin einreihig**
Gesamtlänge	**114 mm**
Höhe	**75 mm**
Lauflänge	**54 mm**
Gewicht	**400 g**
Griffschalen	**Hartgummi sw.**
Finish	**brüniert**
Sicherung	**Hebelsicherung**
Verschlußsystem	**Rückstoßlader**

mit Feder-Masse-Verschluß
Schlagbolzen-Schloß

Beschriftung

Links: Dreyse
Rechts: ohne
Griffschalen:
beidseitig Monogramm RMF
Rheinische Metallwaren &
Maschinenfabrik
Abt. Sömmerda

Dreyse Modell 1907 Patent L. Schmeisser
Kaliber 7,65 mm Browning

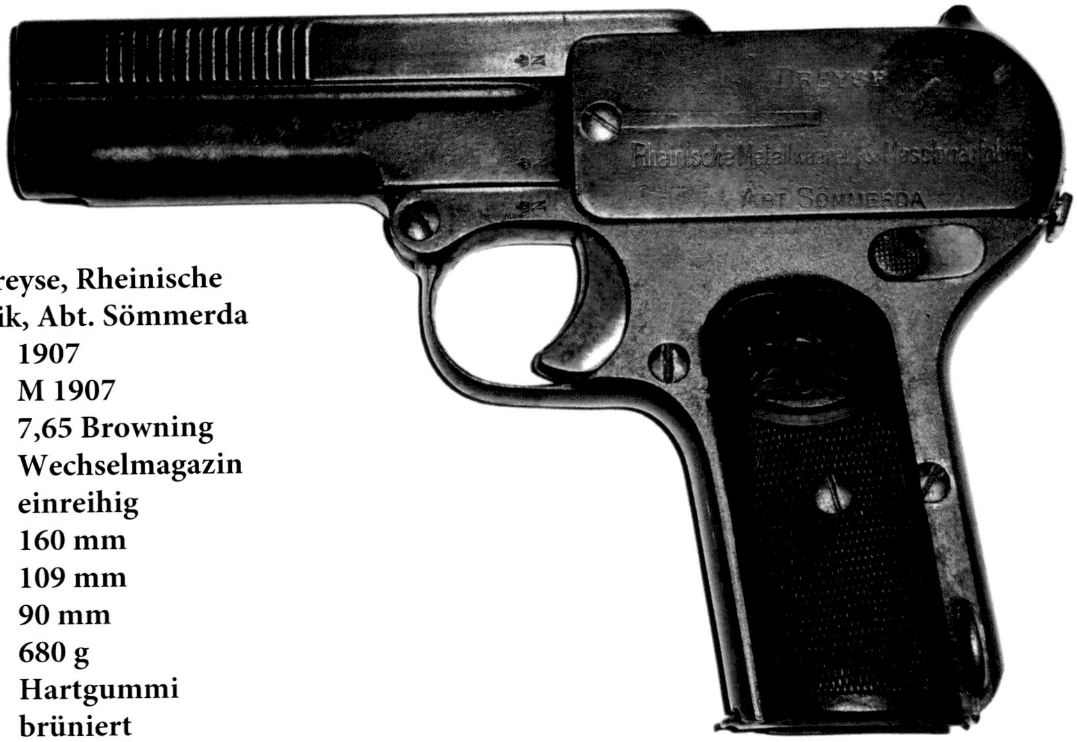

Hersteller/Konstr.	Dreyse, Rheinische Metall-u.Masch.Fabrik, Abt. Sömmerda
Konstruktionsjahr	1907
Modell	M 1907
Kaliber	7,65 Browning
Magazin 7Patr.	Wechselmagazin einreihig
Gesamtlänge	160 mm
Höhe	109 mm
Lauflänge	90 mm
Gewicht	680 g
Griffschalen	Hartgummi
Finish	brüniert
Sicherung	Hebelsicherung
Verschlußsystem	Rückstoßlader mit Feder-Masse-Verschluß
Schlagbolzen-Schloß	

Beschriftung

Links: Dreyse Rheinische Metallwaren & Maschinenfabrik Abt. SÖMMERDA
Rechts: ohne
Griffschalen: beidseitig Dreyse Monogramm RMF

Sauer & Sohn Modell 1913
Kaliber 6,35mm Browning

Hersteller/Konstr.	J.P. Sauer&Sohn
Waffenfabrik	Suhl
Konstruktionsjahr	1913
Modell	M 1913
Kaliber	6,35 Browning
Magazin 6Patr.	Wechselmag. einreihig
Gesamtlänge	125 mm
Höhe	92 mm
Lauflänge	64 mm
Gewicht	415 g
Griffschalen	Hartgummi
Finisch	brüniert
Sicherung	Hebel-Sicherung
Verschlußsystem	Rückstoßlader

Feder-Masse-Verschluß
Schlagbolzen-Schloß

Beschriftung

Links: PATENT
Rechts: CAL.7,65
Verschlußoberseite:
J.P.SAUER&SOHN SUHL
Firmenzeichnen: stehender Hirsch
Griffschalen:
beidseitig Sauer&Sohn Logo

Sauer & Sohn Modell 1913
Kaliber 7,65 mm Browning

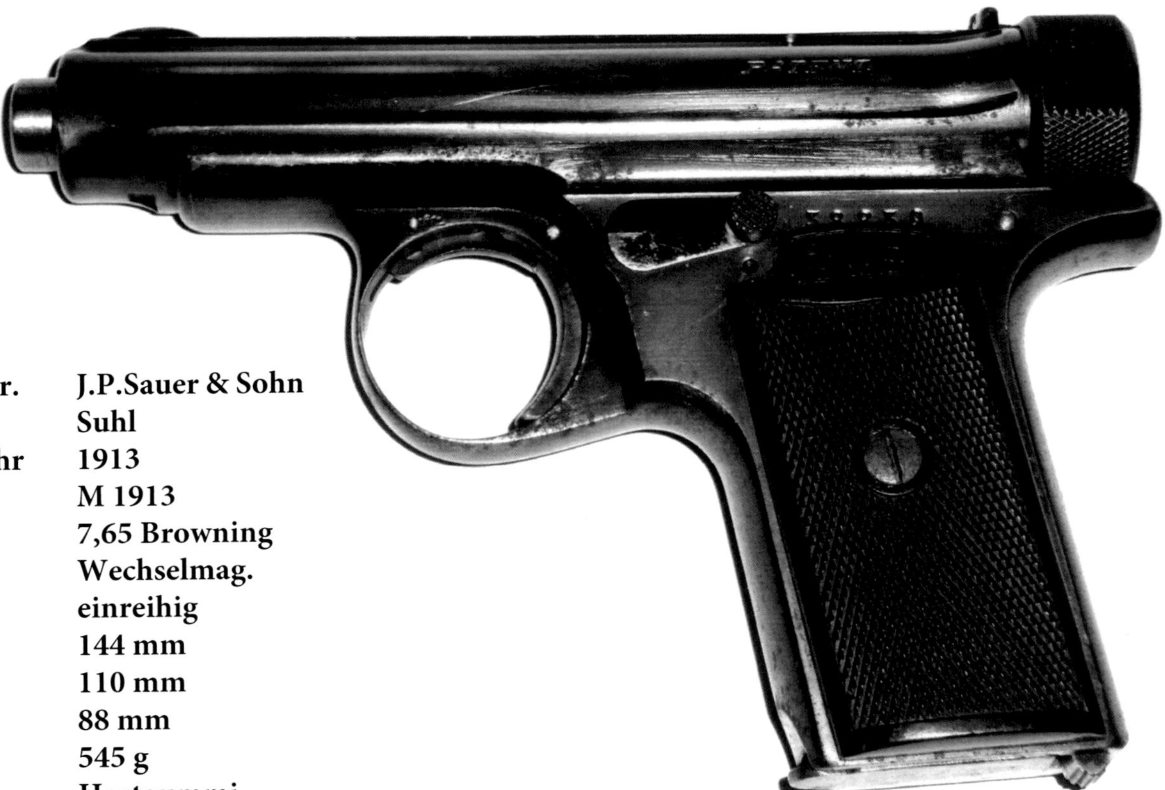

Hersteller/Konstr.	J.P.Sauer & Sohn
Waffenfabrik	Suhl
Konstruktionsjahr	1913
Modell	M 1913
Kaliber	7,65 Browning
Magazin 7Pat.	Wechselmag. einreihig
Gesamtlänge	144 mm
Höhe	110 mm
Lauflänge	88 mm
Gewicht	545 g
Griffschalen	Hartgummi
Finish	brüniert
Sicherung	Hebelsicherung
Verschlußsystem	Rückstoßlader

Feder-Masse-Verschluß
Schlagbolzen-Schloß

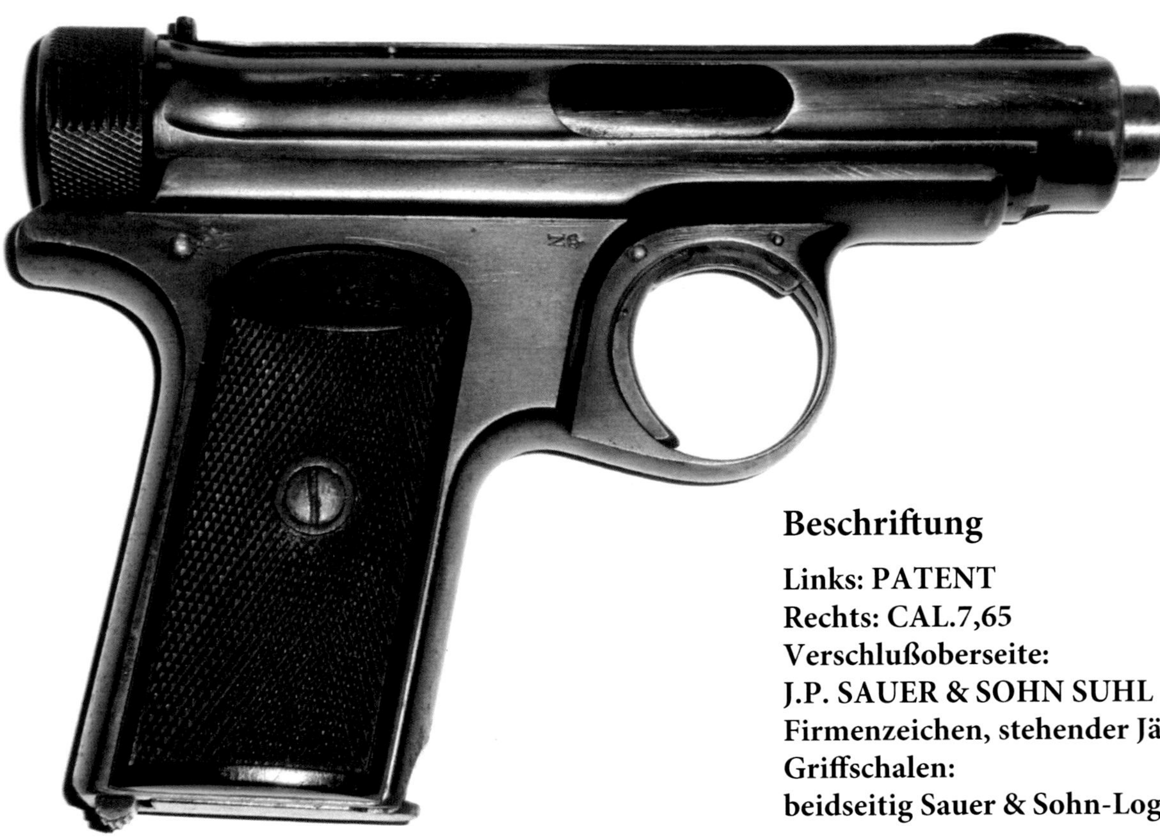

Beschriftung

Links: PATENT
Rechts: CAL.7,65
Verschlußoberseite:
J.P. SAUER & SOHN SUHL
Firmenzeichen, stehender Jäger
Griffschalen:
beidseitig Sauer & Sohn-Logo

Sauer & Sohn Modell 1930
Kaliber 7,65 mm Browning

Hersteller/Konstr.	Sauer & Sohn
Waffenfabrik	Suhl
Konstruktionsjahr	1930
Modell	M 30 Behör.mod.
Kaliber	7,65 Browning
Magazin 7Pat	Wechselmagazin einreihig
Gesamtlänge	148 mm
Höhe	112 mm
Lauflänge	77 mm
Gewicht	620 g
Griffschalen	Plaste schwarz
Finish	brüniert
Sicherung	Hebel,Abzugssi.
Verschlußsystem	Rückstoßlader

mit Feder-Masse-Verschluß
Schlagbolzen-Schloß

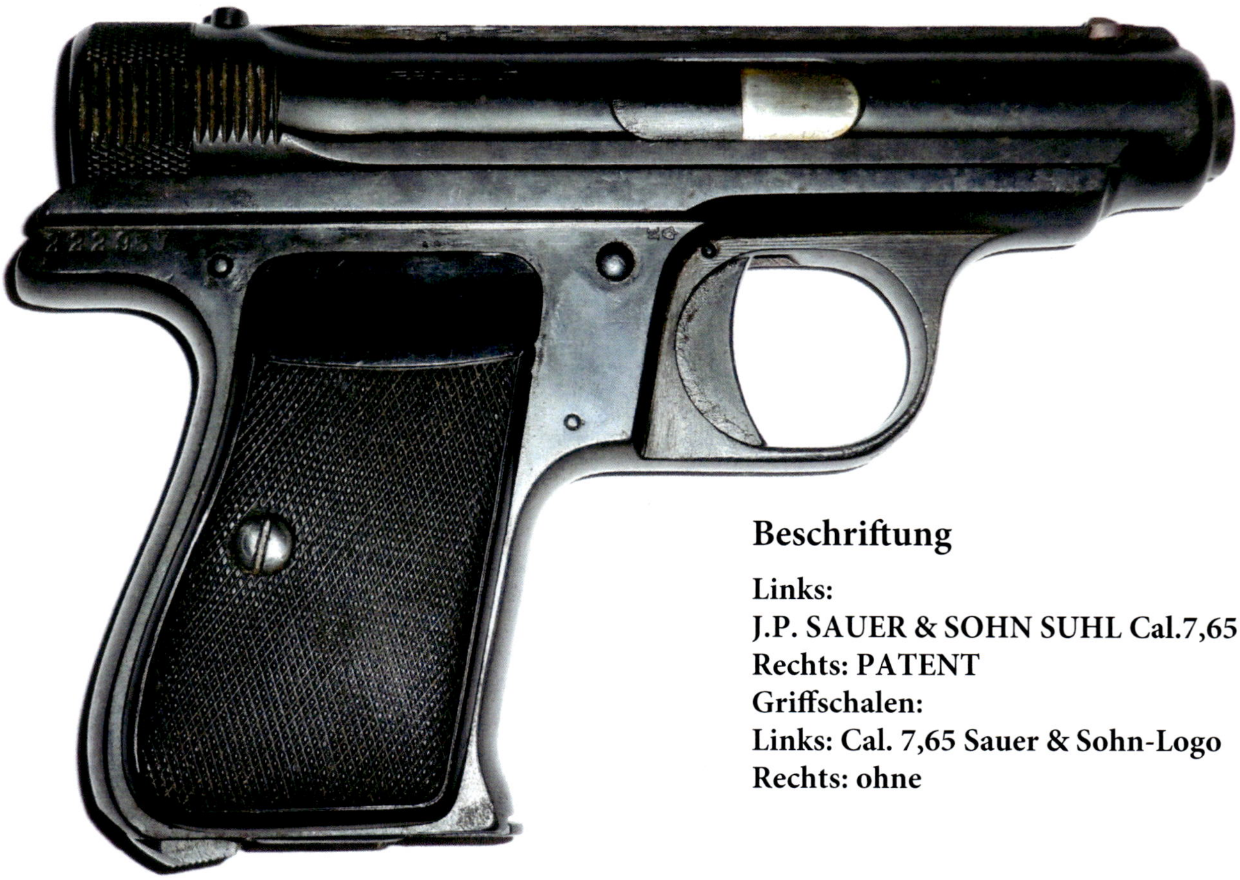

Beschriftung

Links:
J.P. SAUER & SOHN SUHL Cal.7,65
Rechts: PATENT
Griffschalen:
Links: Cal. 7,65 Sauer & Sohn-Logo
Rechts: ohne

Sauer & Sohn Modell 1938
Kaliber 7,65 mm Browning

Hersteller/Konstr.	Sauer & Sohn
Waffenfabrik	Suhl
Konstruktionsjahr	1938
Modell	M 38
Kaliber	7,65 Browning
Magazin 8Patr.	Wechselmagazin einreihig
Gesamtlänge	160 mm
Höhe	113 mm
Lauflänge	86 mm
Gewicht	725 g
Griffschalen	Plaste schwarz
Finish	brüniert
Sicherung	Hebelsicherung
Verschlußsystem	Rückstoßlader

Feder-Masse-Verschluß
Hahn-Schlagbolzen-Schloß, Hahn innen
Spannabzug,Spann/Entspannhebel, DA/SA

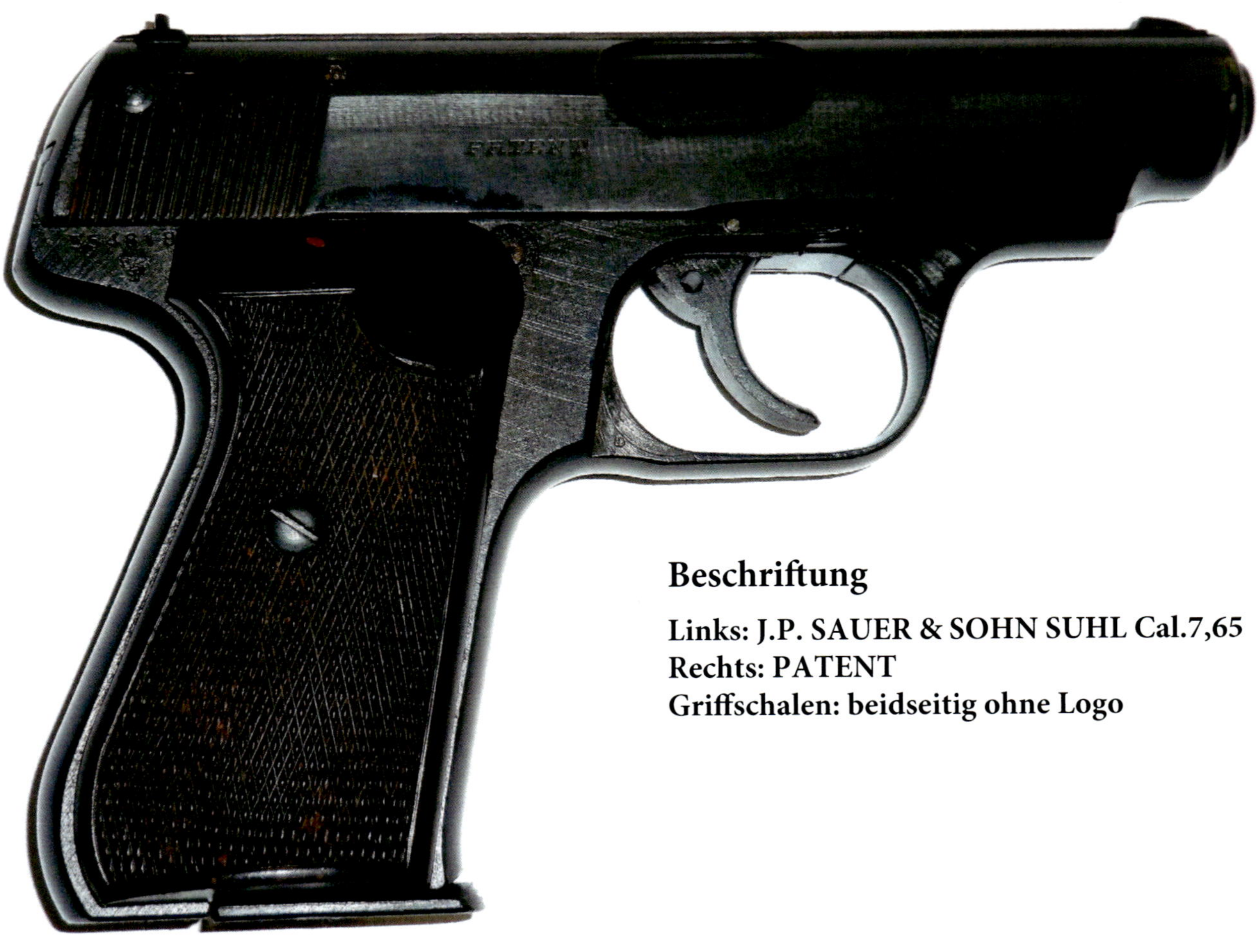

Beschriftung

Links: J.P. SAUER & SOHN SUHL Cal.7,65
Rechts: PATENT
Griffschalen: beidseitig ohne Logo

Frommer Stop Modell 1912
Kaliber 9 mm kurz /380 ACP

Hersteller/Konstr.	Rudolf Frommer
Pat.Stop Waf. Fegyvergyar Budapest	
Konstruktionsjahr	1911
Modell	M 12 Stop
Kaliber	9 mm kurz
Magazin 7Patr.	Wechselmagazin einreihig
Gesamtlänge	165 mm
Höhe	114 mm
Lauflänge	98 mm
Gewicht	620 g
Griffschalen	Holz
Finish	brüniert
Sicherung	Handballensicherung
Verschlußsystem	Rückstoßlader

starre Verriegelung, Drehriegel
Hahn-Schlagbolzen-Schloß, SA

Beschriftung

Links:
FEGYVERGYAR-BUDAPEST.
FROMMER-PAT.STOP CAL.9 mm(38)
Rechts: ohne
Griffschalen: Firmenlogo FS
Bügel für Fangriemen

Mauser C96 Modell 1930
Kaliber 7,63 mm Mauser

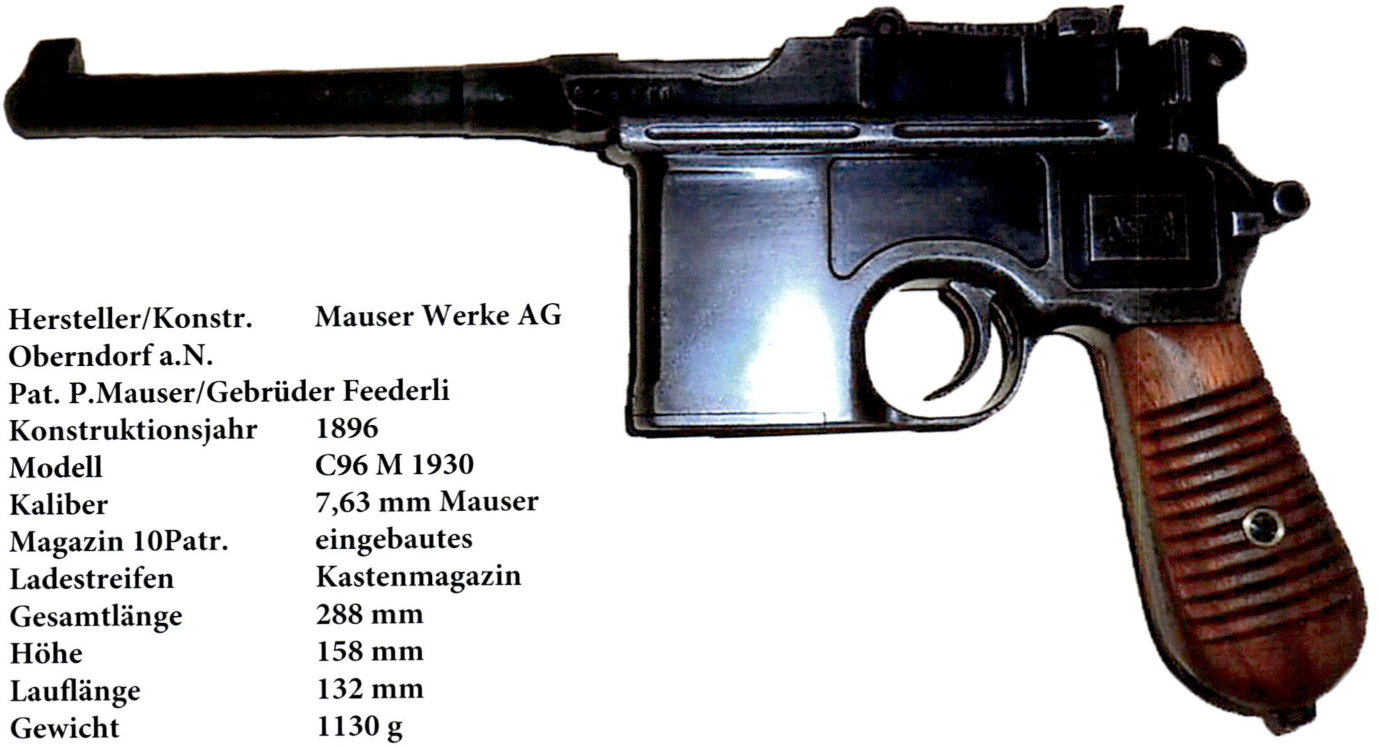

Hersteller/Konstr.	Mauser Werke AG
Oberndorf a.N.	
Pat. P.Mauser/Gebrüder Feederli	
Konstruktionsjahr	1896
Modell	C96 M 1930
Kaliber	7,63 mm Mauser
Magazin 10Patr.	eingebautes
Ladestreifen	Kastenmagazin
Gesamtlänge	288 mm
Höhe	158 mm
Lauflänge	132 mm
Gewicht	1130 g
Griffschalen	Holz
Finish	brüniert
Sicherung	Hebel, universell
Verschlußsystem	Rückstoßlader
mit starrer Verriegelung, Riegelblock	
Hahn-Schlagbolzen-Schloß, SA	

Beschriftung

Links: Mauser-Tonne
Rechts:
WAFFENFABRIK MAUSER
OBERNDORF A.N.
Griffschalen: ohne
Oese für Fangschnur

Mauser C96 Modell 1916
Kaliber 9 mm Parabellum

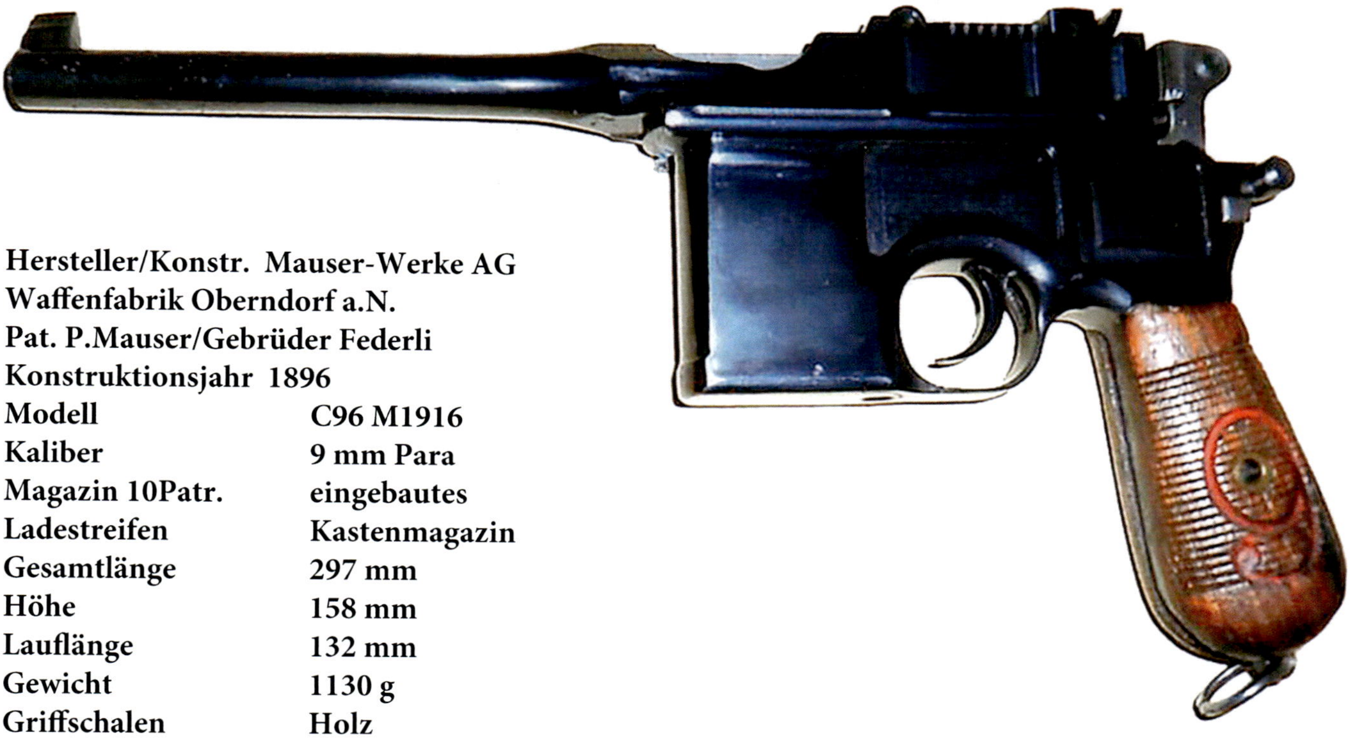

Hersteller/Konstr. Mauser-Werke AG	
Waffenfabrik Oberndorf a.N.	
Pat. P.Mauser/Gebrüder Federli	
Konstruktionsjahr 1896	
Modell	C96 M1916
Kaliber	9 mm Para
Magazin 10Patr.	eingebautes
Ladestreifen	Kastenmagazin
Gesamtlänge	297 mm
Höhe	158 mm
Lauflänge	132 mm
Gewicht	1130 g
Griffschalen	Holz
Finish	brüniert
Sicherung	Hebel, universell
Verschlußsystem	Rückstoßlader
mit starrer Verriegelung, Riegelblock	
Hahn-Schlagbolzen-Schloß	

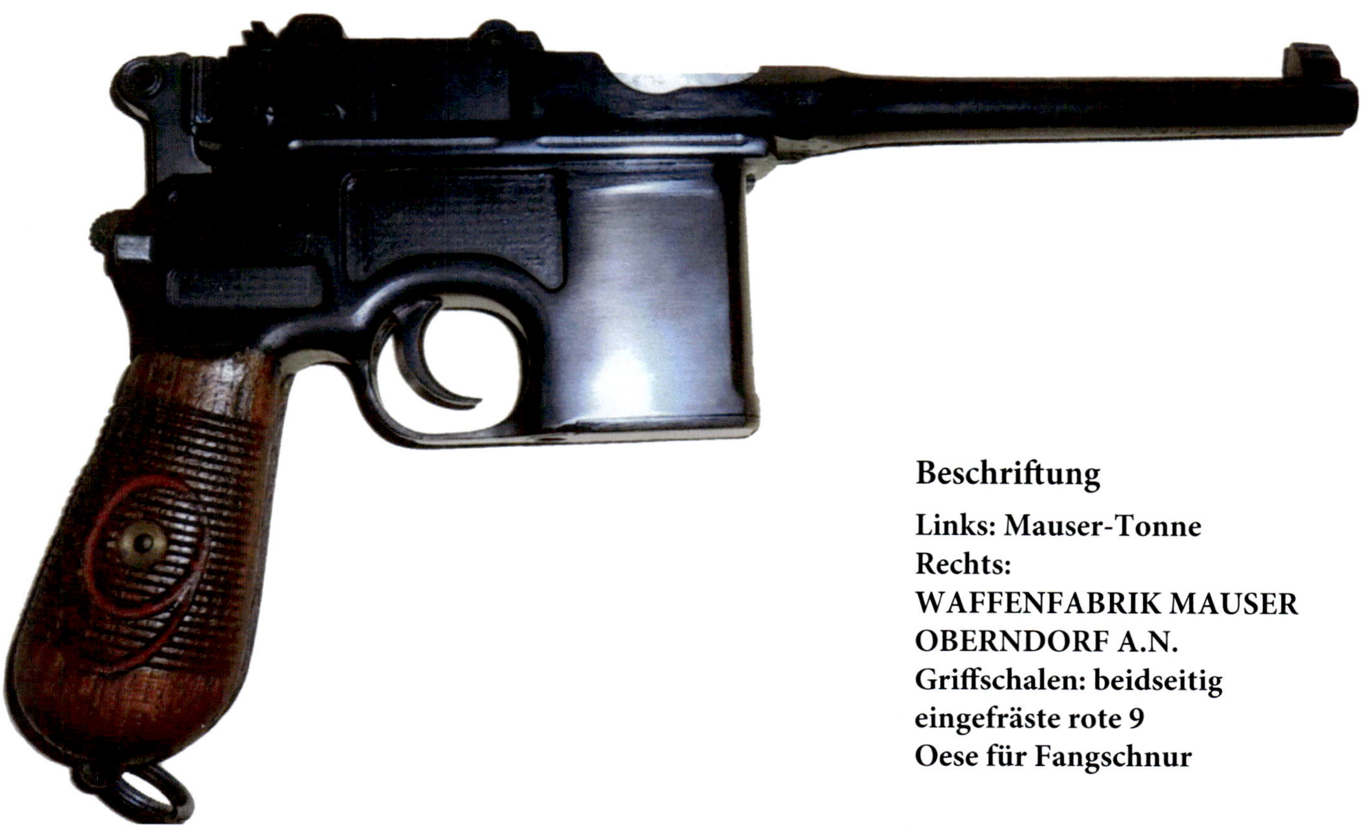

Beschriftung

Links: Mauser-Tonne
Rechts:
WAFFENFABRIK MAUSER
OBERNDORF A.N.
Griffschalen: beidseitig
eingefräste rote 9
Oese für Fangschnur

Mauser Modell Parabellum 1908 /1934
Kaliber 9mm Parabellum

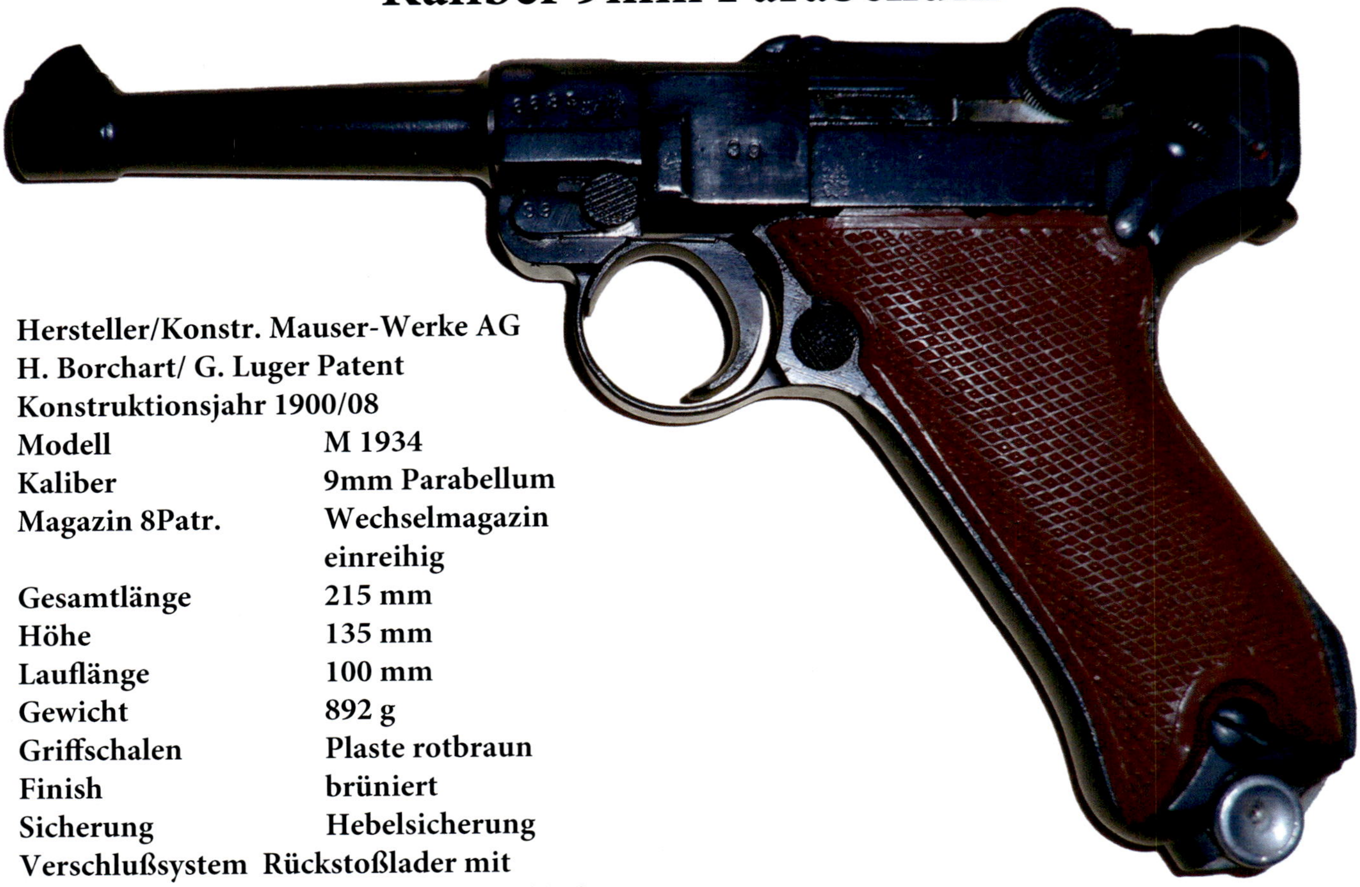

Hersteller/Konstr. Mauser-Werke AG
H. Borchart/ G. Luger Patent
Konstruktionsjahr 1900/08

Modell	M 1934
Kaliber	9mm Parabellum
Magazin 8Patr.	Wechselmagazin einreihig
Gesamtlänge	215 mm
Höhe	135 mm
Lauflänge	100 mm
Gewicht	892 g
Griffschalen	Plaste rotbraun
Finish	brüniert
Sicherung	Hebelsicherung

Verschlußsystem Rückstoßlader mit starrer Verriegelung, Kniegelenkverschluß Schlagbolzen-Schloß

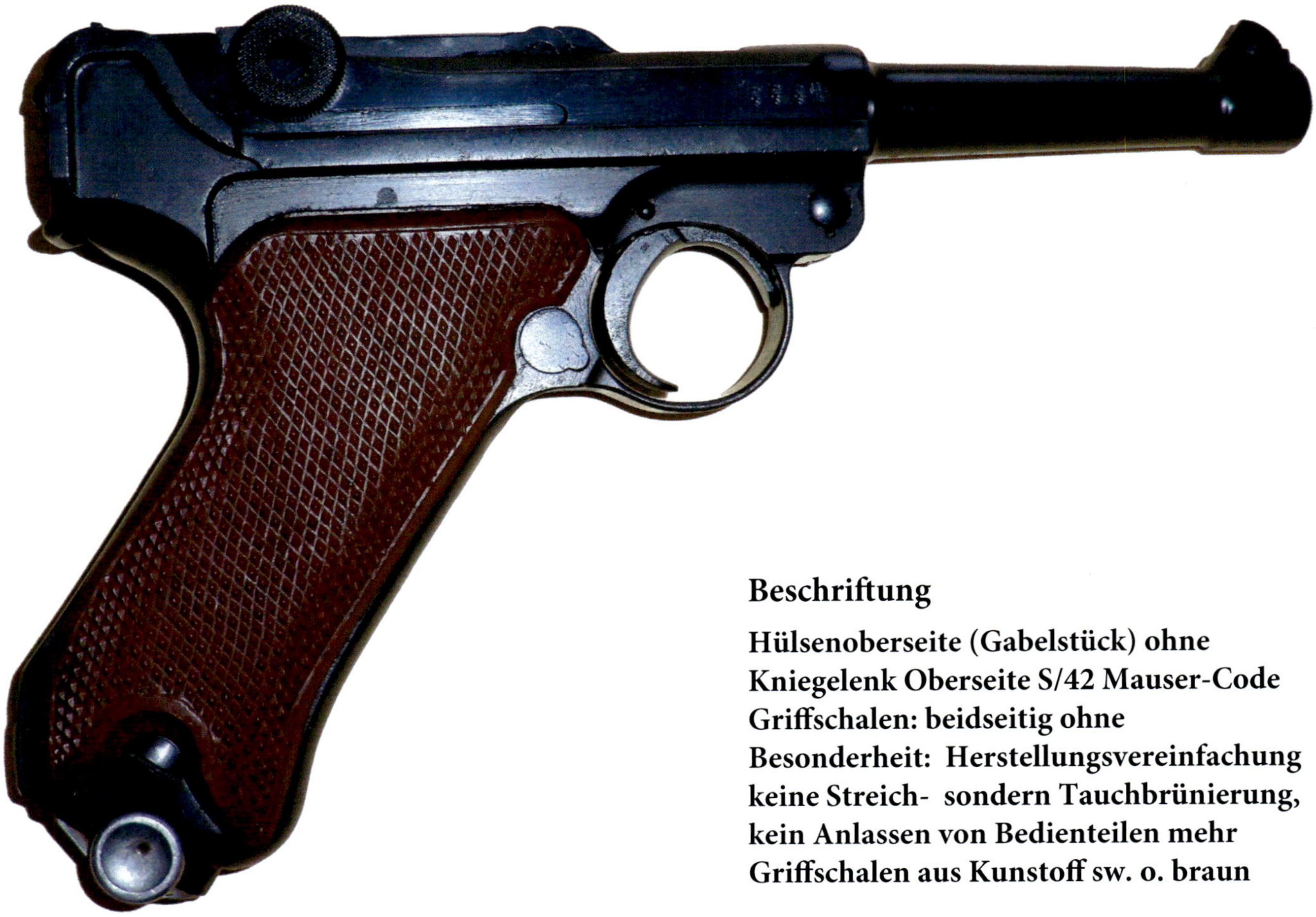

Beschriftung

Hülsenoberseite (Gabelstück) ohne
Kniegelenk Oberseite S/42 Mauser-Code
Griffschalen: beidseitig ohne
Besonderheit: Herstellungsvereinfachung keine Streich- sondern Tauchbrünierung, kein Anlassen von Bedienteilen mehr
Griffschalen aus Kunstoff sw. o. braun

Mauser Modell WTP 1
Kaliber 6,35mm Browning

Hersteller/Konstr. Mauser Patent 1918
Mauser-Werke-AG Oberndorf a.N.
Konstruktionsjahr 1918

Modell	W.T.P. 1
Kaliber	6,35 Browning
Magazin 6Patr.	Wechselmagazin einreihig
Gesamtlänge	115 mm
Höhe	80 mm
Lauflänge	61 mm
Gewicht	335 g
Griffschalen	Plaste schw.
Finish	brüniert
Sicherung	Hebel-Sicherung
Verschlußsystem	Rückstoßlader

Feder-Masse-Verschluß
Schlag-Bolzen-Schloß

Beschriftung

Links:
Waffenfabrik Mauser Ac.G. Oberndorf A.N.
W.T.P.-6,35-D.R.P. u.a.P.
Rechts: ohne
Griffschalen: beidseitig Mauser-Logo

Mauser Modell 1910
Kaliber 6,35 mm Browning

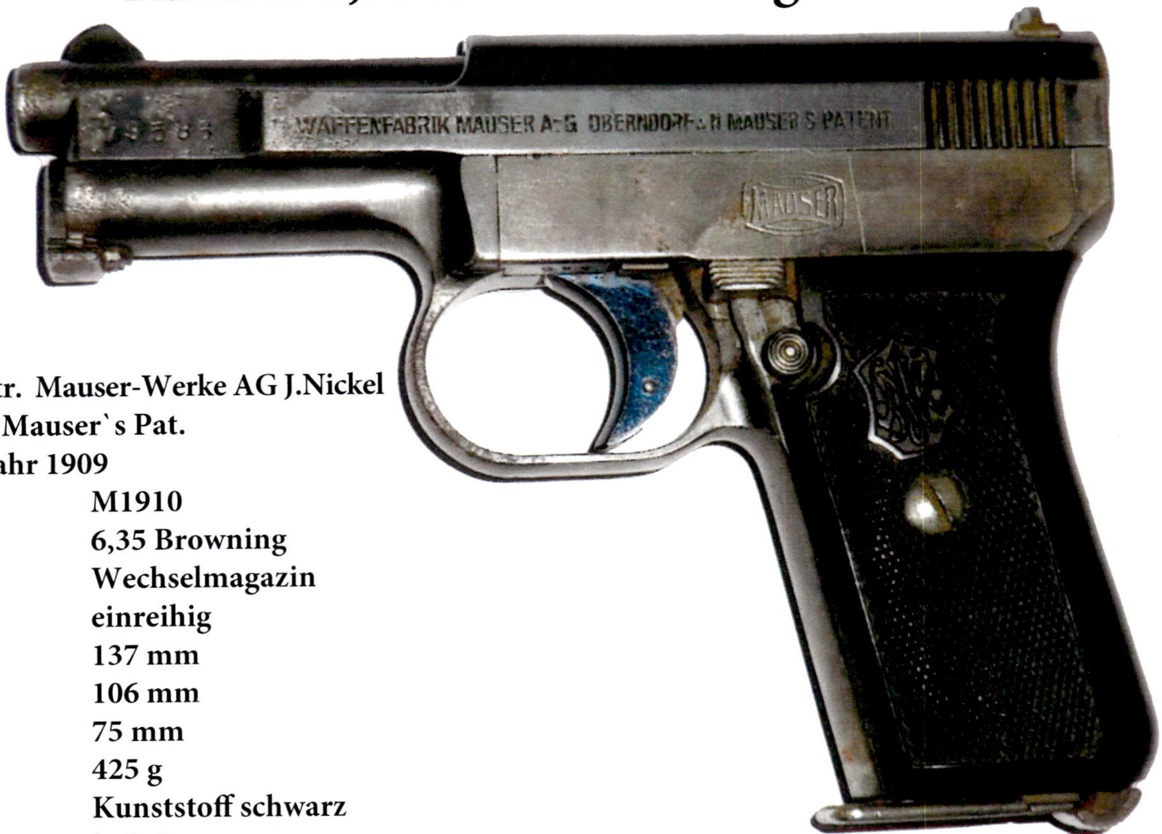

Hersteller/Konstr. Mauser-Werke AG J.Nickel
Oberndorf a.N. Mauser`s Pat.
Konstruktionsjahr 1909

Modell	M1910
Kaliber	6,35 Browning
Magazin 9Pat.	Wechselmagazin einreihig
Gesamtlänge	137 mm
Höhe	106 mm
Lauflänge	75 mm
Gewicht	425 g
Griffschalen	Kunststoff schwarz
Finish	brüniert
Sicherung	Knopf-Hebelsich.

Verschlußsystem Rückstoßlader
Feder-Masse-Verschluß
Schlagbolzen-Schloß

Beschriftung

Links: WAFFENFABRIK MAUSER A.-G.
OBERNDORF A.N. MAUSER´S PATENT
Rechts: ohne
Griffschalen: beidseitig Mauser-Logo
Besonderheit:
erstes verbessertes Mod. J.Nickl´s 1909
Pistole 1910 ohne Verriegelung der
Abdeckplatte am Griffstück links

Mauser Modell 1910
Kaliber 6,35 mm Browning

Hersteller/Konst.	**Mauser-Werke AG Oberndorf a.N.**
Konstruktionsjahr	**1910**
Modell	**M 1910**
Kaliber	**6,35 Browning**
Magazin 9Patr.	**Wechselmagazin einreihig**
Gesamtlänge	**137 mm**
Höhe	**106 mm**
Lauflänge	**75 mm**
Gewicht	**425 g**
Griffschalen	**Holz**
Finish	**brüniert**
Sicherung	**Knopf-Hebelsichg.**
Verschlußsystem	**Rückstoßlader**

Feder-Masse-Verschluß
Schlagbolzen-Schloß

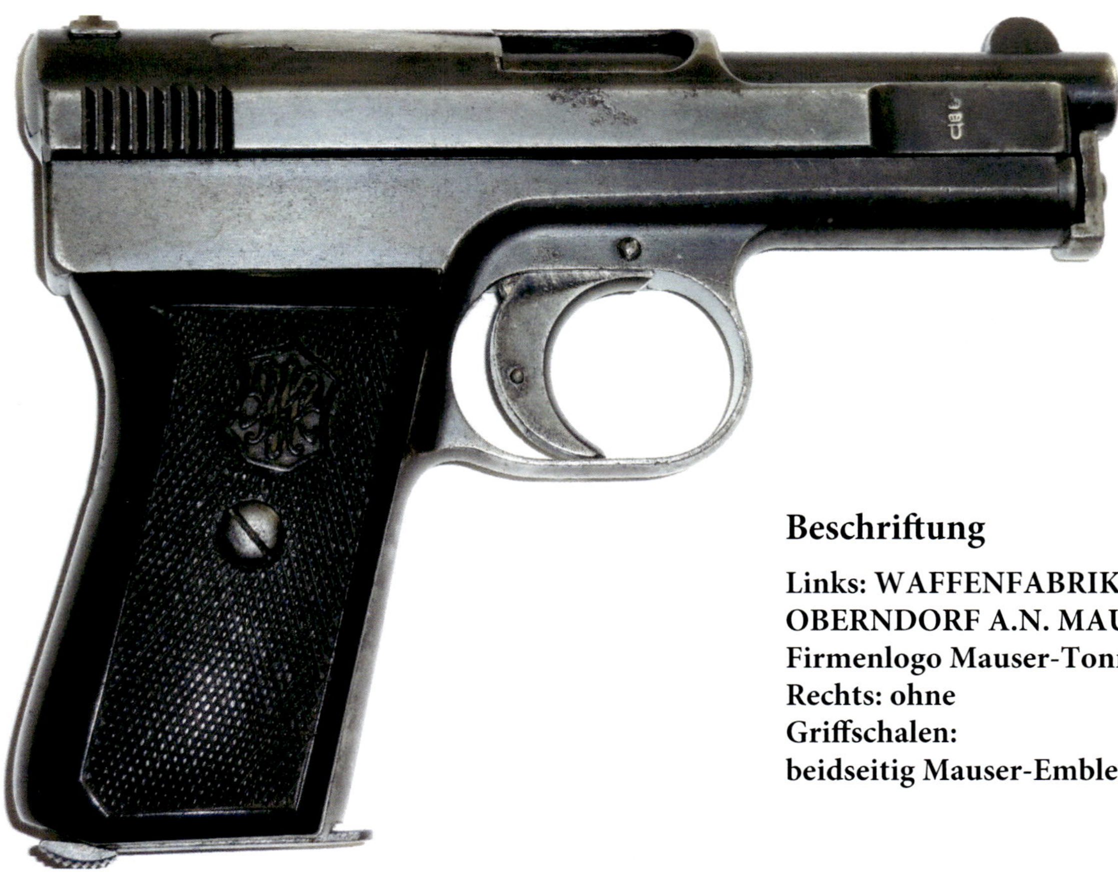

Beschriftung

Links: WAFFENFABRIK MAUSER A.-G. OBERNDORF A.N. MAUSER'S PATENT
Firmenlogo Mauser-Tonne
Rechts: ohne
Griffschalen:
beidseitig Mauser-Embleme

Mauser Modell 1914
Kaliber 7,65 mm Browning

Hersteller Waffenfabrik Mauser A.-G.

Oberndorf a.N.,	Mauser's Patent
Konstruktionsjahr	1914
Modell	M 14
Kaliber	7,65 Browning
Magazin 8Patr.	Wechselmagazin einreihig
Gesamtlänge	154 mm
Höhe	115 mm
Lauflänge	87 mm
Gewicht	610 g
Griffschalen	Holz
Finish	brüniert
Sicherung	Knopf-Hebelsich.
Verschlußsystem	Rückstoßlader

Feder-Masse-Verschluß
Schlagbolzen-Schloß

Beschriftung

Links: WAFFENFABRIK MAUSER A.-G. OBERNDORF A.N. MAUSER'S PATENT
Rechts: ohne
Griffschalen: ohne

Mauser Modell 1934
Kaliber 7,65 mm Browning

Hersteller/Konstr. Mauser-Werke AG
Oberndorf a.N. Mauser´s Pat.

Konstruktionsjahr	**1914**
Modell	**M34**
Kaliber	**7,65 Browning**
Magazin 8Pat.	**Wechselmagazin einreihig**
Gesamtlänge	**157 mm**
Höhe	**112 mm**
Lauflänge	**87 mm**
Gewicht	**614 g**
Griffschalen	**Holz braun**
Finish	**brüniert**
Sicherung	**Knopf-Hebelsich.**
Verschlußsystem	**Rückstoßlader**

Feder-Masse-Verschluß
Schlagbolzen-Schloß

Beschriftung

Rechts:
Cal. 7,65 D.R.P. u. A.P.
Links: MAUSER-WERKE AG
Mauser-Tonne
Griffschalen: beidseitig ohne

Mauser Modell HSc
Kaliber 7,65 mm Browning

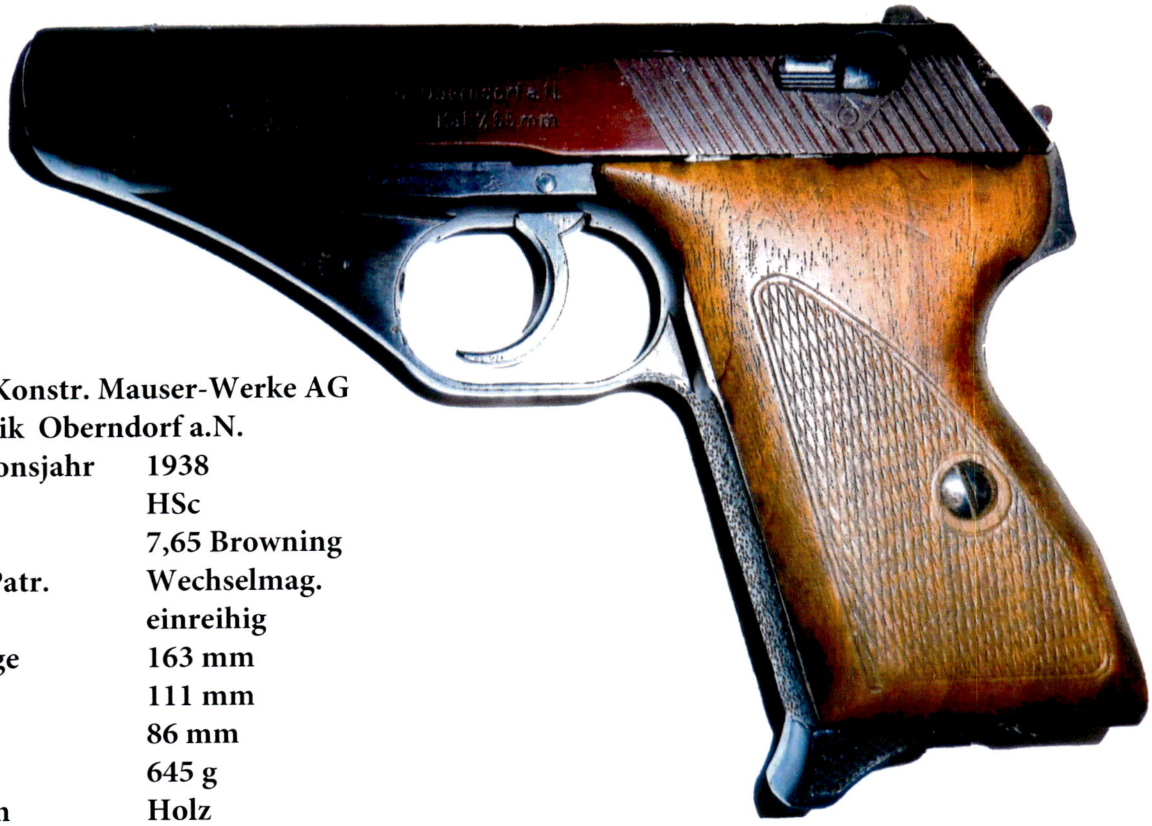

Hersteller/Konstr. Mauser-Werke AG
Waffenfabrik Oberndorf a.N.

Konstruktionsjahr	1938
Modell	HSc
Kaliber	7,65 Browning
Magazin 8Patr.	Wechselmag. einreihig
Gesamtlänge	163 mm
Höhe	111 mm
Lauflänge	86 mm
Gewicht	645 g
Griffschalen	Holz
Finish	Kriegsbrünierung
Sicherung	Hebel-Sicherung
Verschlußsystem	Rückstoßlader

Feder-Masse-Verschluß
Hahn-Schlagbolzen-Schloß
Spannabzug, DA/SA

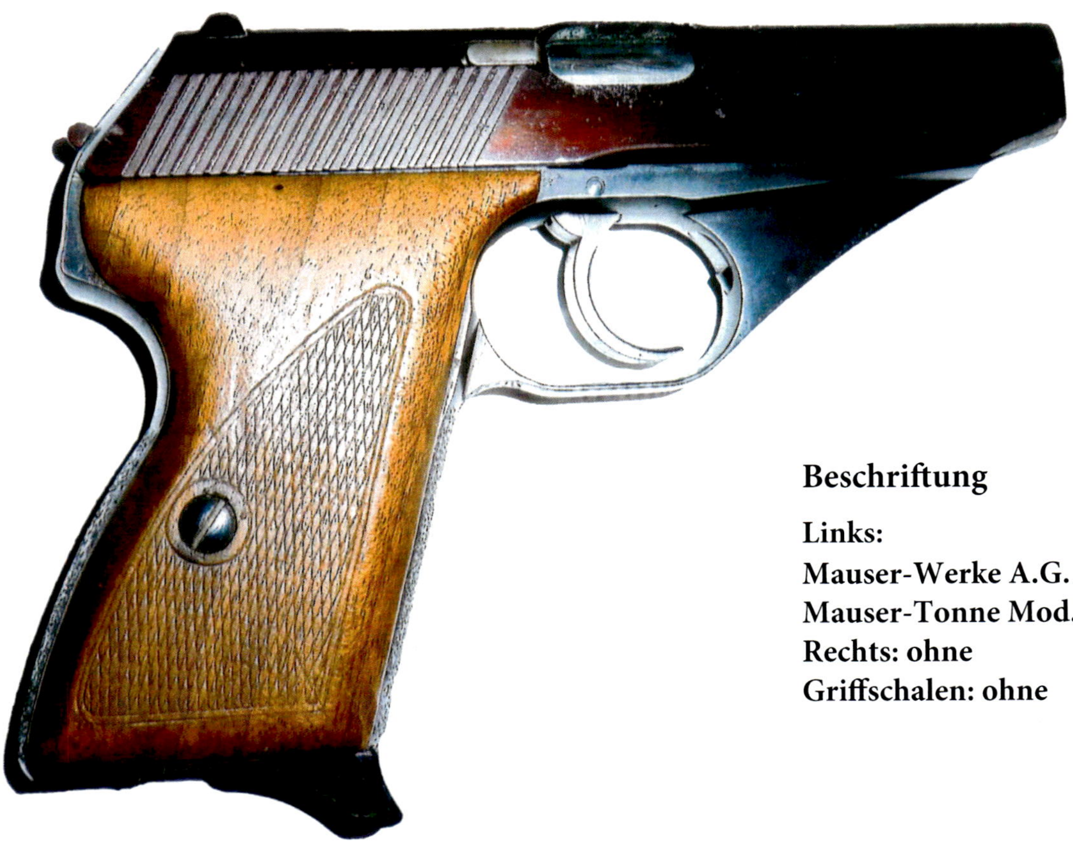

Beschriftung

Links:
Mauser-Werke A.G. Oberndorf a.N.
Mauser-Tonne Mod. Hsc Kal. 7,65mm
Rechts: ohne
Griffschalen: ohne

Mauser HSc
Kaliber 7,65 mm Browning

Hersteller/Konstr. Mauser-Werke AG Oberndorf a.N.

Konstruktionsjahr	1938
Modell	HSc
Kaliber	7,65 Browning
Magazin 8Patr.	Wechselmagazin einreihig
Gesamtlänge	163 mm
Höhe	111 mm
Lauflänge	86 mm
Gewicht	645 g
Griffschalen	Holz
Finish	phosphatiert
Sicherung	Hebelsicherung
Verschlußsystem	Rückstoßlader

Feder-Masse-Verschluß
Hahn-Schlagbolzen-Schloß
Spannabzug, DA/SA

Beschriftung

Links:
Mauser-Werke A.G. Oberndorf a.N.
Mauser-Tonne Mod. HSc Kal. 7,65 mm
Rechts: ohne
Griffschalen: ohne

Deutsche Werke AG Erfurt Ortgies Pat. 1918
Kaliber 7,65 mm Browning

Hersteller/Konstr.	**Ortgies Pat.**
Deutsche Werke AG Erfurt	
Konstruktionsjahr	**1916**
Modell	**Ortgies**
Kaliber	**7,65 Browning**
Magazin 8 Patr.	**Wechselmagazin einreihig**
Gesamtlänge	**164 mm**
Höhe	**111 mm**
Lauflänge	**87 mm**
Gewicht	**630 g**
Griffschalen	**Holz**
Finish	**brüniert**
Sicherung	**Druckknopf und Handballensicherung**
Verschlußsystem	**Rückstoßlader**

Feder-Masse-Verschluß
Schlagbolzen-Schloß, Teil-vorgespannt

Beschriftung

Links: DEUTSCHE WERKE WERK ERFURT
Rechts: Ortgies Patent/Schreibschrift
Griffschalen: beidseitig Ortgies-Monogramm
Griffstück vorn unten Germany/Exportmodell

Deutsche Werke AG Ortgies Pat. 1915
Kaliber 6,35 mm Browning

Hersteller/Konstr. **Heinrich Ortgies Patent**
Preuß., Gewehrfabrik, Deutsche Werke AG Erfurt
Konstruktionsjahr 1915

Modell	**Ortgies W.T.P**
Kaliber	**6,35 Browning**
Magazin 6Patr.	**Wechselmagagzin einreihig**
Gesamtlänge	**133 mm**
Höhe	**85 mm**
Lauflänge	**69 mm**
Gewicht	**400 g**
Griffschalen	**Holz**
Finish	**brüniert**
Sicherung	**Druckknopf- und Handballensicherung**
Verschlußsystem	**Rückstoßlader mit Feder-Masse-Verschluß**

Schlagbolzenschloß, Teil-vorgespannt

Beschriftung

Links: Deutsche Werke AG
Rechts: Ortgies Patent
Griffschalen:
beidseitig Ortgies Monogram

Deutsche Werke AG Erfurt Ortgies Pat. 1918
Kaliber 7,65 mm Browning

Hersteller/Konstr.	Heinrich Ortgies
Deutsche Werke AG Erfurt	
Konstrutionsjahr	1918
Modell	Ortgies
Kaliber	7,65 Browning
Magazin 8Patr.	Wechselmagazin einreihig
Gesamtlänge	164 mm
Höhe	111 mm
Lauflänge	87 mm
Gewicht	630 g
Griffschalen	Holz braun
Finish	brüniert
Sicherung	Druckknopf- und Handballen-Sicherung
Verschlußsystem	Rückstoßlader mit Feder-Masse-Verschluß
Schlagbolzen-Schloß, Teil-vorgespannt	

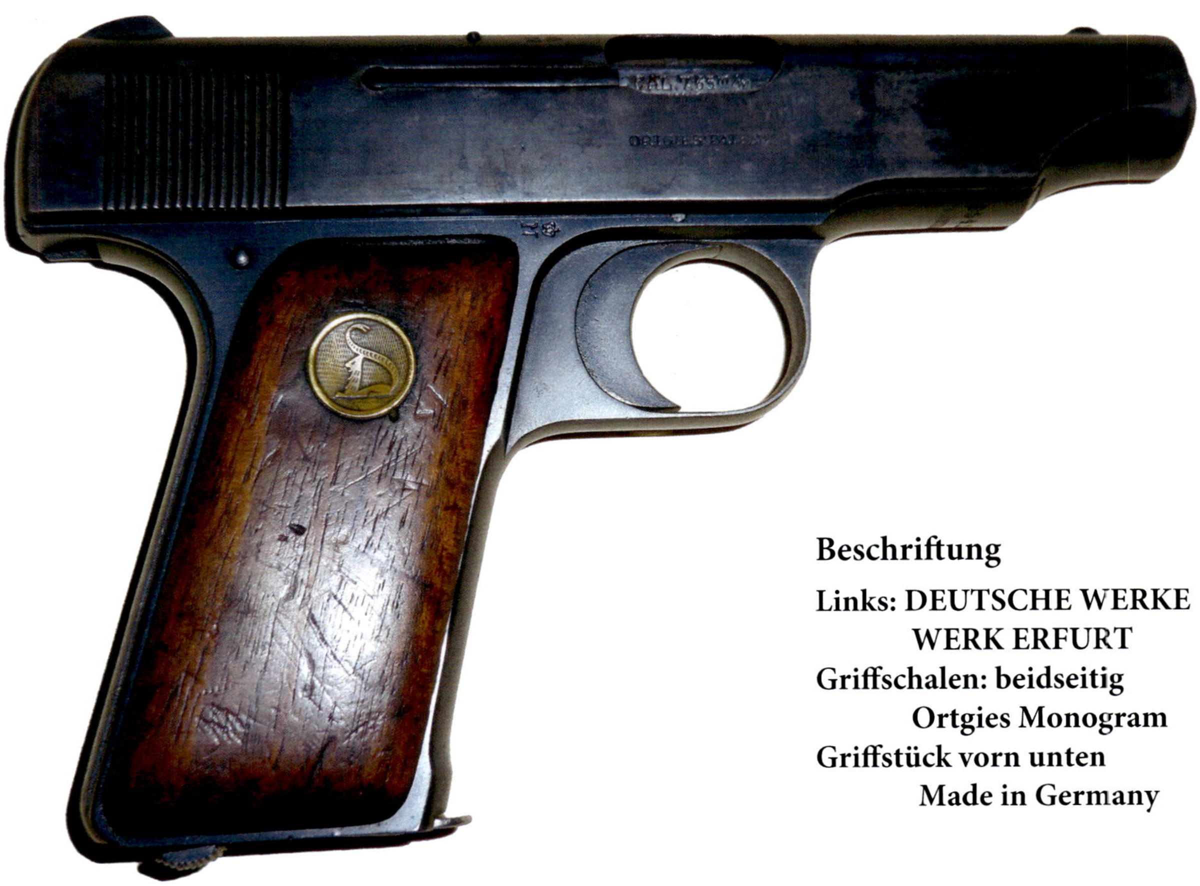

Beschriftung

Links: DEUTSCHE WERKE
WERK ERFURT

Griffschalen: beidseitig
Ortgies Monogram

Griffstück vorn unten
Made in Germany

Eibar „Ruby“ Modell 1915
Kaliber 7,65 mm Browning

Hersteller/Konstr. Gabilondo y Urresti Eibar/Spanien / Pat.1915

Konstruktionsjahr	**1914**
Modell	**M 1915 RUBY**
Kaliber	**7,65 Browning**
Magazin 9Patr.	**Wechselmagazin einreihig**
Gesamtlänge	**154 mm**
Höhe	**127 mm**
Lauflänge	**88,4 mm**
Gewicht	**785 g**
Griffschalen	**Holz**
Finish	**brüniert**
Sicherung	**Hebelsicherung**
Verschlußsystem	**Rückstoßlader**

mit Feder-Masse-Verschluß, Hahn-Schlagbolzen-Schloß, Hahn innen, SA

Beschriftung

Links:
Gabilondos y Urresti EIBAR
1915 Patent „Ruby“ Cal.7,65
Rechts: ohne
Griffschalen: beidseitig ohne
Links: Oese für Fangschnur

Brünner Modell CZ 1924
Kaliber 9 mm kurz 380 ACP

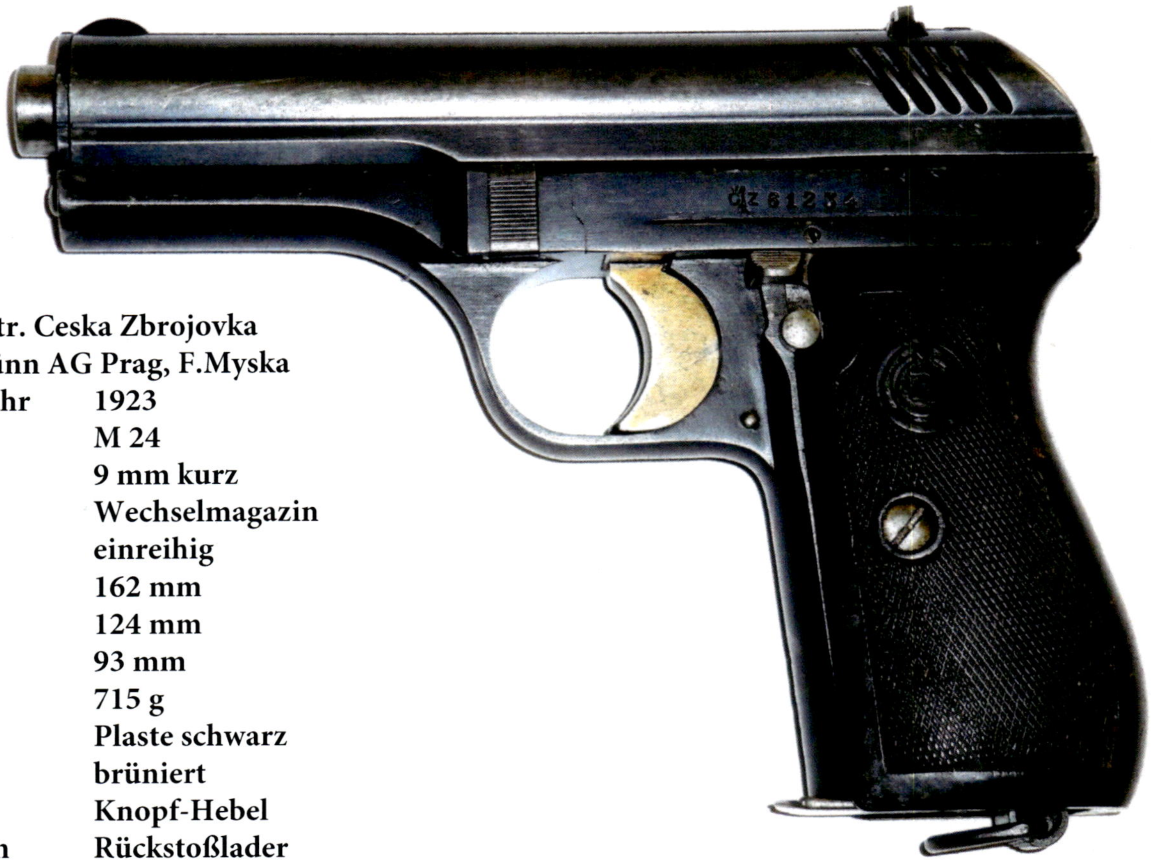

Hersteller/Konstr. Ceska Zbrojovka	
Wafffenfabr.Brünn AG Prag, F.Myska	
Konstruktionsjahr	1923
Modell	M 24
Kaliber	9 mm kurz
Magazin 8Patr.	Wechselmagazin einreihig
Gesamtlänge	162 mm
Höhe	124 mm
Lauflänge	93 mm
Gewicht	715 g
Griffschalen	Plaste schwarz
Finish	brüniert
Sicherung	Knopf-Hebel
Verschlußsystem	Rückstoßlader

mit starrer Verriegelung u. Drehlauf
Hahn-Schlagbolzen-Schloß, SA

Beschriftung

Links: CZ
Rechts: 4DZ 42 SA
Verschlußoberseite
ZESKA CBROJOVKA AS PRAZE
Griffschalen: beidseitig
Firmenlogo CZ
Beweglicher Bügel für Fangriemen

Brünner Modell CZ 1927
Kaliber 7,65 mm Browning

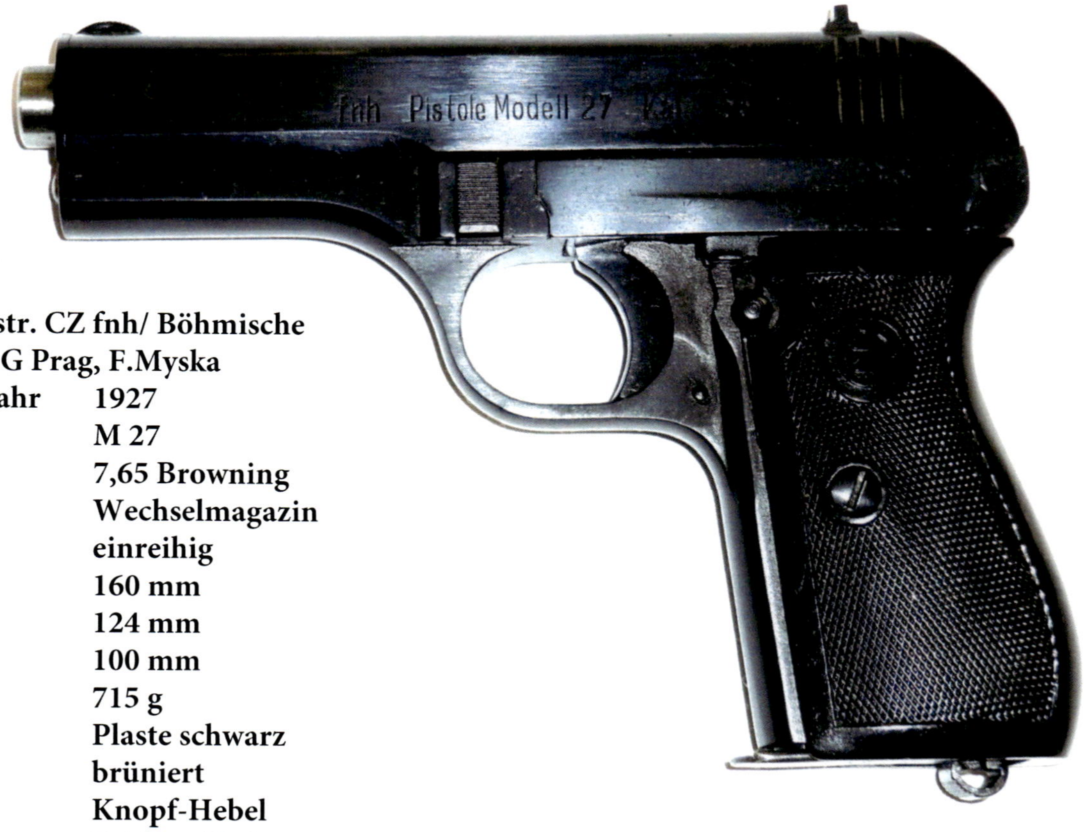

Hersteller/Konstr. CZ fnh/ Böhmische Waffenfabrik AG Prag, F.Myska	
Konstruktionsjahr	1927
Modell	M 27
Kaliber	7,65 Browning
Magazin 9Patr.	Wechselmagazin einreihig
Gesamtlänge	160 mm
Höhe	124 mm
Lauflänge	100 mm
Gewicht	715 g
Griffschalen	Plaste schwarz
Finish	brüniert
Sicherung	Knopf-Hebel
Verschlußsystem	Rückstoßlader
Feder-Masse-Verschluß	
Hahn-Schlagbolzen-Schloß, SA	

Beschriftung

Links:
fnh Pistole Modell 27 Kal. 7,65
Rechts: ohne
Griffschalen:
beidseitig Firmenlogo CZ

Beretta Modell 1934
Kaliber 9 mm kurz 380 ACP

Hersteller/Konstr. Pietro Beretta
S.p.A.Gardone Val Trompia/Brescia

Konstruktionsjahr	1934
Modell	M 34
Kaliber	9 mm kurz
Magazin 7Patr.	Wechselmagazin einreihig
Gesamtlänge	150 mm
Höhe	123 mm
Lauflänge	89 mm
Gewicht	680 g
Griffschalen	Plaste schwarz
Finish	brüniert
Sicherung	Hebelsicherung
Verschlußsystem	Rückstoßlader

Feder-Masse-Verschluß
Hahn-Schlagbolzen-Schloß, SA

Beschriftung

Links:
P.Beretta-CAL.9 CORDO-M_0 1934
BREVETTATO
GARDONE VT 1940 XVII
Rechts: ohne
Griffschalen:
beidseitig Firmenlogo PB
Links: Öse für Fangriemen

Beretta Modell 1935
Kaliber 7,65 mm Browning

Hersteller/Konstr.	Pietro Beretta
S.p.A. Gardone Val Trompia/Brescia	
Konstruktionsjahr	1935
Modell	M 35
Kaliber	7,65 Browning
Magazin 8Patr.	Wechselmagazin einreihig
Gesamtlänge	150 mm
Höhe	122 mm
Lauflänge	85 mm
Gewicht	650 g
Griffschalen	Plaste schwarz
Finish	brüniert
Sicherung	Hebelsicherung
Verschlußsystem	Rückstoßlader
Feder-Masse-Verschluß	
Hahn-Schlagbolzen-Schloß, SA	

Beschriftung

Links:
Pietro Beretta-Gordone V.T.
Cal.7,65 PAT.
Rechts: ohne
Griffschalen:
beidseitig Firmenlogo PB
Links: Öse für Fangschnur

FN Modell 1900 „Browning“
Kaliber 7,65 mm Browning

Hersteller/Konstr.	Fabrique Nationale
John M. Browning Patent	
Konstruktionsjahr	1900
Modell	M 1900
Kaliber	7,65 Browning
Magazin 7Patr.	Wechselmagazin einreihig
Gesamtlänge	164 mm
Höhe	117 mm
Lauflänge	102 mm
Gewicht	640 g
Griffschalen	Hartgummi
Finish	brüniert
Sicherung	Hebelsicherung
Verschlußsystem	Rückstoßlader
Feder-Masse-Verschluß	
Schlagbolzen-Schloß	

Beschriftung

Links :
FABRIQUE NATIONALE DARMES
de GUERRE HERSTAL.-BELGIA
BROWNINGS PATENT BREVETE S.G.D.G.
Rechts: ohne
Griffschalen:
beidseitig im Kreis Pistolenabbild
mit FN-Firmenlogo
Links: Öse für Fangschnur

FN Modell 1906
Kaliber 6,35 mm Browning

Hersteller/Konstr.	Fabrique Nationale
De Armes De Guerra/Pat.J.Browning	
Konstruktionsjahr	1906
Modell	M 1906
Kaliber	6,35 Browning
Magazin 6Patr.	Wechselmagazin einreihig
Gesamtlänge	115 mm
Höhe	79 mm
Lauflänge	53,4 mm
Gewicht	370 g
Griffschalen	Hartgummi
Finish	brüniert
Sicherung	Hebel/Handballen
Verschlußsystem	Rückstoßlader
Feder-Masse-Verschluß	
Schlagbolzen-Schloß	

Beschriftung

Links:
FABRIQUE NATIONALE D'ARMES
de GUERRE HERSTAL. BELGIQUE
BROWNING'S PATENT DEPOSE
Rechts: ohne
Griffschalen:
beidseitig Firmenembleme FN

FN Modell 1910
Kaliber 7,65 mm Browning

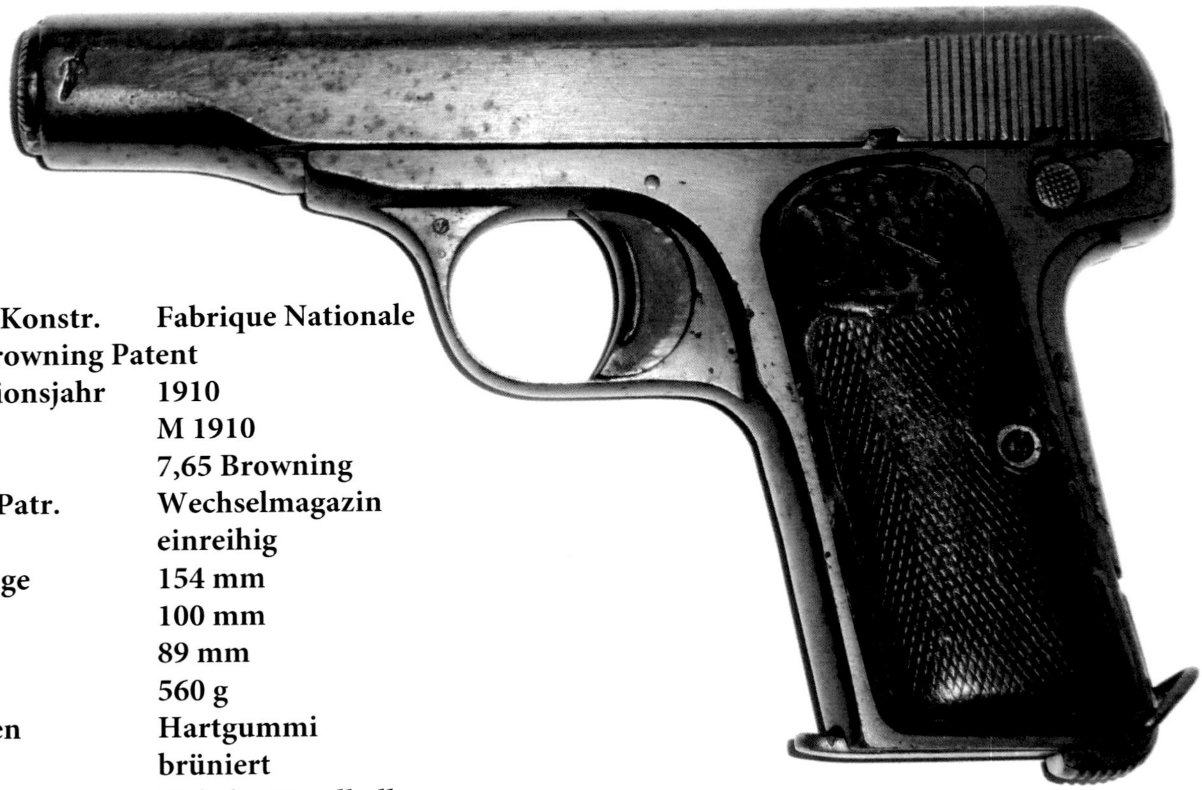

Hersteller/Konstr.	**Fabrique Nationale**
John M. Browning Patent	
Konstruktionsjahr	**1910**
Modell	**M 1910**
Kaliber	**7,65 Browning**
Magazin 7Patr.	**Wechselmagazin einreihig**
Gesamtlänge	**154 mm**
Höhe	**100 mm**
Lauflänge	**89 mm**
Gewicht	**560 g**
Griffschalen	**Hartgummi**
Finish	**brüniert**
Sicherung	**Hebel u.Handballen**
Verschlußsystem	**Rückstoßlader mit**
Feder-Masse-Verschluß	
Schlagbolzen-Schloß	

Beschriftung

Griffschalen:
beidseitig FN-Firmenlogo
Beweglicher Bügel für Fangschnur
Besonderheit:
Verschluß vorn linke Seite,
Madenschraube,
wirkt auf Laufhaltebuchse

FN Modell 1910
Kaliber 7,65 mm Browning

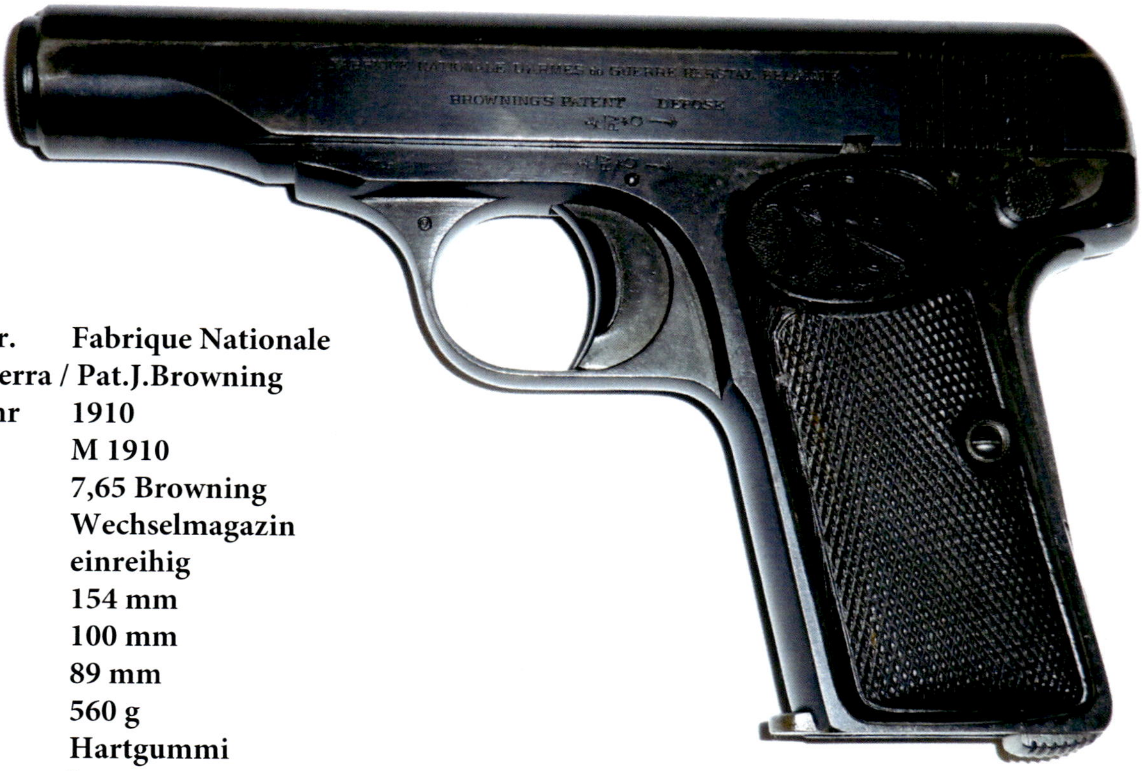

Hersteller/Konstr.	Fabrique Nationale
De Armes De Guerra /	Pat.J.Browning
Konstruktionsjahr	1910
Modell	M 1910
Kaliber	7,65 Browning
Magazin 7Patr.	Wechselmagazin einreihig
Gesamtlänge	154 mm
Höhe	100 mm
Lauflänge	89 mm
Gewicht	560 g
Griffschalen	Hartgummi
Finish	brüniert
Sicherung	Hebel/Handballen
Verschlußsystem	Rückstoßlader mit Feder-Masse-Verschluß Schlagbolzen-Schloß

Beschriftung

Links:
FABRIQUE NATIONALE D'ARMES de GUERRE HERSTAL. BELGIQUE BROWNING'S PATENT DEPOSE
Rechts:ohne
Griffschalen:
beidseitig Firmenembleme FN

FN Modell 1910/22
Kaliber 7,65 mm Browning

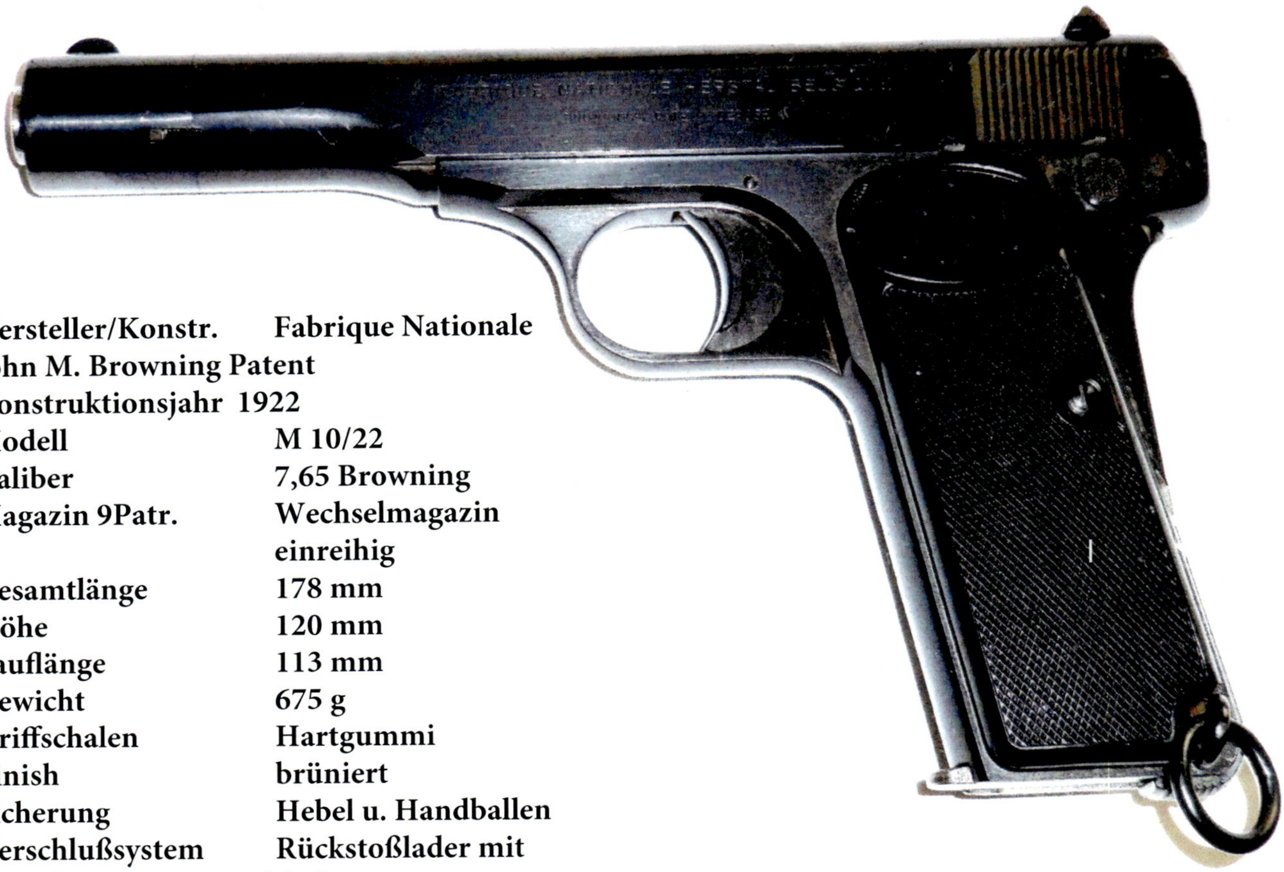

Hersteller/Konstr. **Fabrique Nationale**
John M. Browning Patent
Konstruktionsjahr 1922

Modell	**M 10/22**
Kaliber	**7,65 Browning**
Magazin 9Patr.	**Wechselmagazin einreihig**
Gesamtlänge	**178 mm**
Höhe	**120 mm**
Lauflänge	**113 mm**
Gewicht	**675 g**
Griffschalen	**Hartgummi**
Finish	**brüniert**
Sicherung	**Hebel u. Handballen**
Verschlußsystem	**Rückstoßlader mit**

Feder-Masse-Verschluß
Schlagbolzen-Schloß

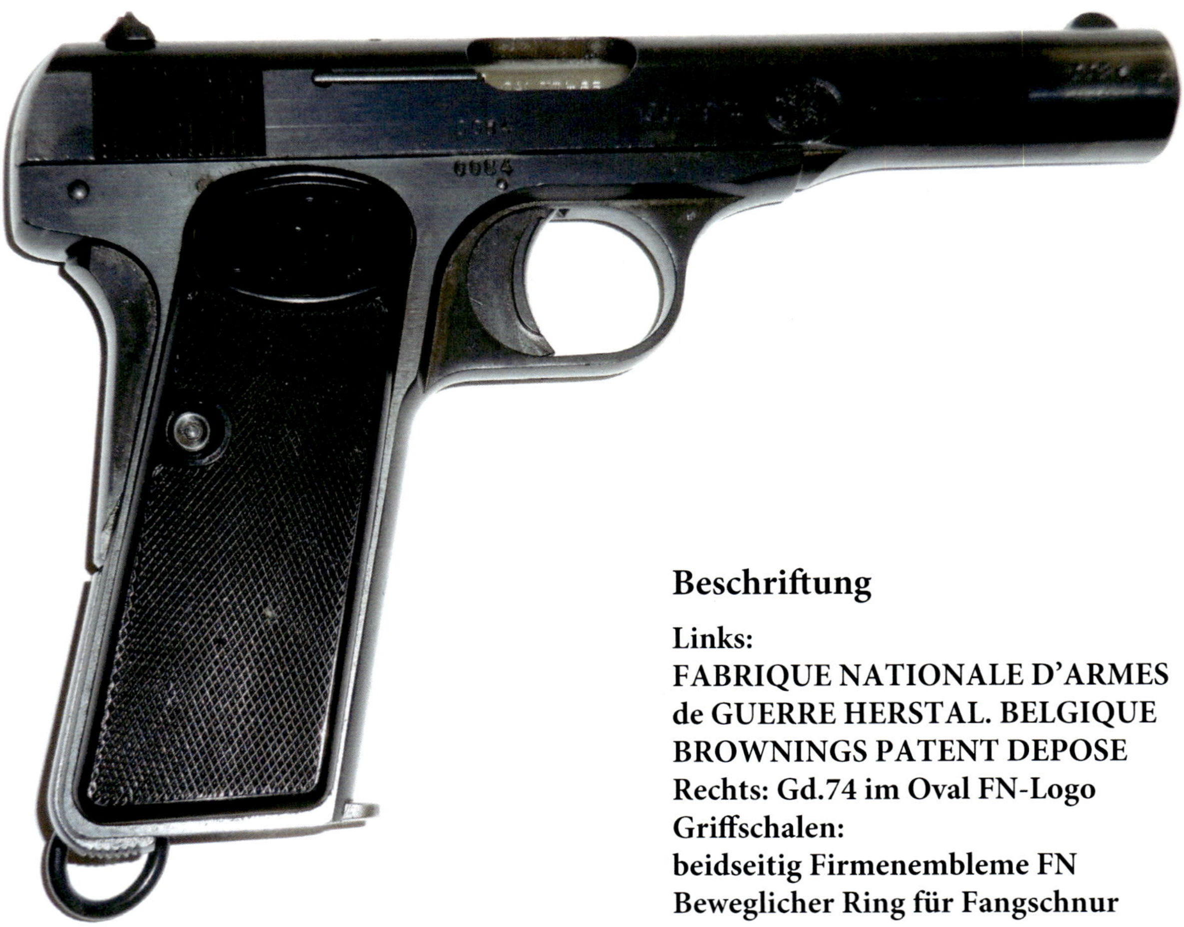

Beschriftung

Links:
FABRIQUE NATIONALE D'ARMES
de GUERRE HERSTAL. BELGIQUE
BROWNINGS PATENT DEPOSE
Rechts: Gd.74 im Oval FN-Logo
Griffschalen:
beidseitig Firmenembleme FN
Beweglicher Ring für Fangschnur

FN Modell Baby Browning Pat. 1927
Kaliber 6,35 mm Browning

Hersteller/Konstr. Fabrique Nationale De Armes De Guerra/Pat.J.Browning	
Konstruktionsjahr	1927
Modell	BABY
Kaliber	6,35 Browning
Magazin 6Patr.	Wechselmagazin einreihig
Gesamtlänge	104 mm
Höhe	72 mm
Lauflänge	53,6 mm
Gewicht	275 g
Griffschalen	Plaste schwarz
Finish	brüniert
Sicherung	Hebelsicherung
Verschlußsystem	Rückstoßlader
Feder-Masse-Verschluß	
Schlagbolzen-Schloß	

Beschriftung

Links:
FABRIQUE NATIONALE D'ARMES
DE GUERRE HERSTAL.-BELGIQUE
BROWNING'S PATENT DEPOSE
Rechts: ohne
Griffschalen:
beidseitig FN-Logo und BABY

FN Modell 1935 High Power
Kaliber 9 mm Parabellum

Hersteller/Konstr.	Fabrique National
John M. Browning Patent	
Konstruktionsjahr	1928
Modell	M 35 HP
Kaliber	9 mm Para
Magazin 13Patr.	Wechselmagazin zweireihig
Gesamtlänge	200 mm
Höhe	130 mm
Lauflänge	18 mm
Gewicht	900 g
Griffschalen	Holz braun
Finish	brüniert
Sicherung	Hebelsicherung
Verschlußsystem	Rückstoßlader

starre Verriegelung, Kipplauf mit offener Steuerkurve
Hahn-Schlagbolzen-Schloß, SA

Beschriftung

Links:
FABRIQUE NATIONALE D'ARMES DE GUERRE HERSTAL.- BELGIQUE BROWNINGS PATENT DEPOSE
Rechts: ohne
Griffschalen: beidseitig ohne

Husqvarna Modell 1907 Pat.Liz. FN M1903
Kaliber 9mm Browning Long/380 ATP 9x20

Hersteller/Konstr.	J.M. Browning Pat.
Husqvarna Vapen Fabriks Aktienbolg Sw.	
Konstruktionsjahr	1903
Modell	1907
Kaliber	9mm Browning Long
Magazin 7Patr.	Wechselmagazin einreihig
Gesamtlänge	205 mm
Höhe	122 mm
Lauflänge	127 mm
Gewicht	910 g
Griffschalen	Kunststoff schwarz
Finish	phosphatiert
Sicherung	Hebel- und Handballensicherung
Verschlußsystem	Rückstoßlader mit Feder-Masse-Verschluß
Hahn-Schlagbolzen-Schloß Hahn innen	

Beschriftung

Rechts: ohne
Links:
Husqvarna Vapen Fabriks Aktienbolg
Griffschalen:
beidseitig: Firmenlogo
Fangriemenoese

Radom Modell VIS 35
Kaliber 9mm Parabellum

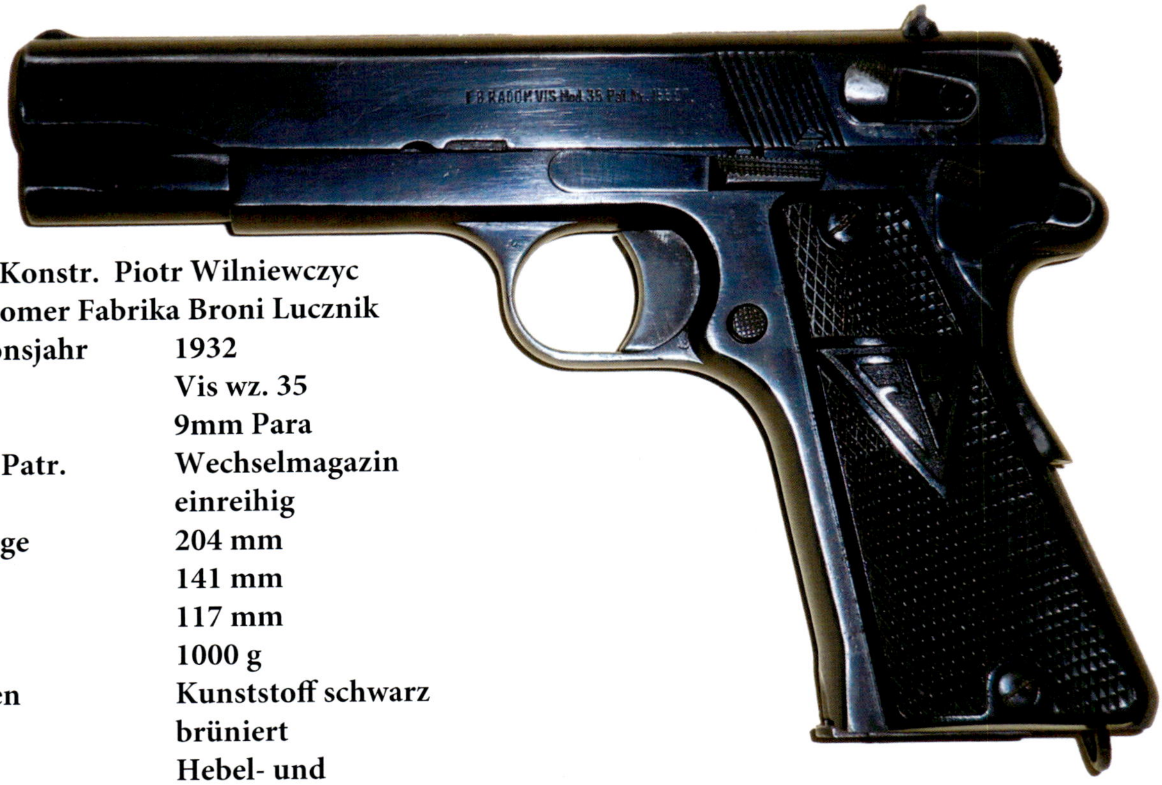

Hersteller/Konstr.	Piotr Wilniewczyc
Staatl. Radomer Fabrika Broni Lucznik	
Konstrutionsjahr	1932
Modell	Vis wz. 35
Kaliber	9mm Para
Magazin 8 Patr.	Wechselmagazin einreihig
Gesamtlänge	204 mm
Höhe	141 mm
Lauflänge	117 mm
Gewicht	1000 g
Griffschalen	Kunststoff schwarz
Finish	brüniert
Sicherung	Hebel- und Handballensicherung

Verschlußsystem Rückstoßlader
starre Verriegelung, Kipplauf mit offener Steuerkurve
Hahn-Schlagbolzen-Schloß, SA
Entspannhebel

Beschriftung

Links: F.B. RADOM VIS Mod. 35.
Pat.Nr. 15567.
Rechts: ohne
Griffschalen: beidseitig Radom Logo
Bügel für Fangriemen

STAR B Modell 1922
Kaliber 9 mm Parabellum

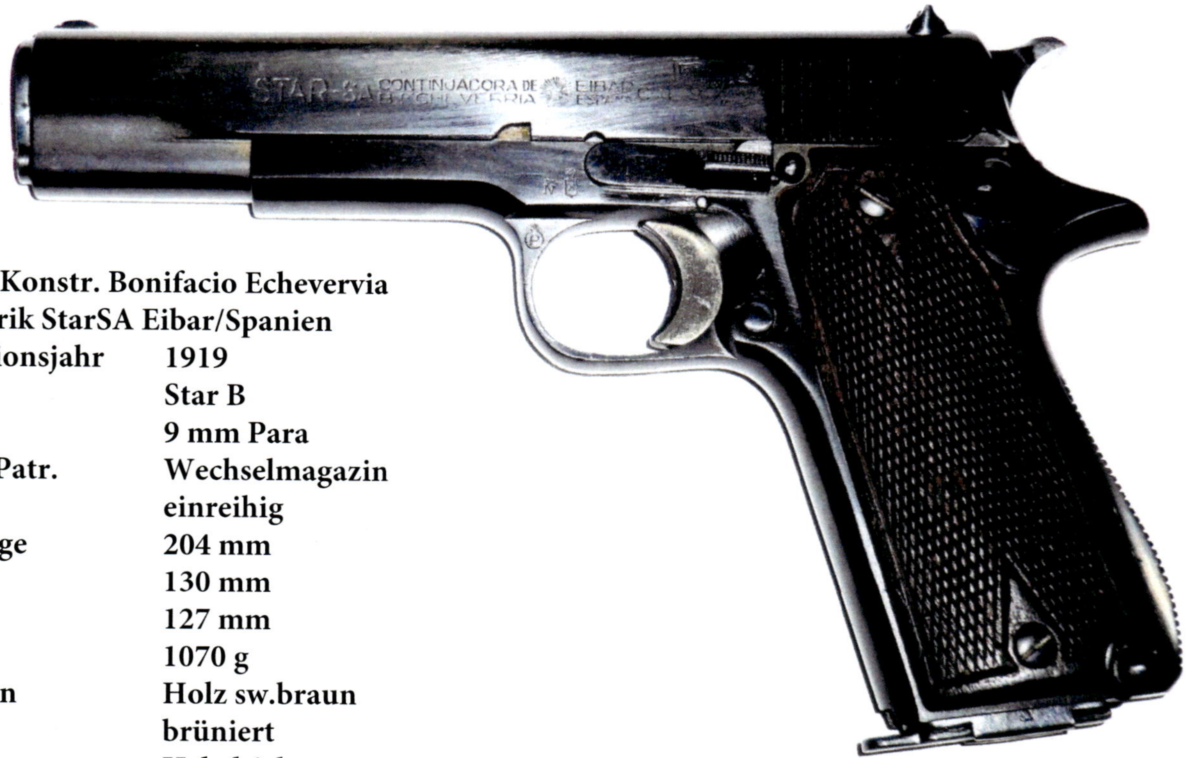

Hersteller/Konstr. Bonifacio Echevervia
Waffenfabrik StarSA Eibar/Spanien

Konstruktionsjahr	1919
Modell	Star B
Kaliber	9 mm Para
Magazin 8Patr.	Wechselmagazin einreihig
Gesamtlänge	204 mm
Höhe	130 mm
Lauflänge	127 mm
Gewicht	1070 g
Griffschalen	Holz sw.braun
Finish	brüniert
Sicherung	Hebelsicherung
Verschlußsystem	Rückstoßlader

starr verriegelt, Kipplauf mit Kettenglied
Hahn-Schlagbolzen-Schloß, SA

Beschriftung

Links:
STAR-SA CONTINOACORA DE EIBAR
B.ECHE VERRIA ESPANIA CAL.9 $^{m}/_{m}$
Rechts: ohne
Griffschalen: beidseitig ohne
Links: Oese für Fangschnur

Tokarew Modell 1933 TT33
Kaliber 7,62 mm Tokarew

Hersteller/Konstr.	FjodorW.Tokarew
Staatliche Fabriken Tula	
Konstruktionsjahr	1930
Modell	TT 33
Kaliber	7,62 Tokarew
Magazin 8Patr.	Wechselmagazin einreihig
Gesamtlänge	215 mm
Höhe	133 mm
Lauflänge	115 mm
Gewicht	830 g
Griffschalen	Plaste schwarz
Finish	brüniert
Sicherung	Hahnrast
Verschlußsystem	Rückstoßlader

starr verriegelt, Kipplauf mit Kettenglied
Hahn-Schlagbolzen-Schloß, SA

Beschriftung

Ohne
Griffschalen:
beidseitig 5-zackiger Sowjetstern
mit CCCP Staatslogo
Links: Oese für Fangschnur

Steyr-Pieper Modell 1909
Kaliber 6,35 mm Browning

Hersteller/Konstr.	Steyr, N.Pieper Patent
Oesterr. Waffenfabriks-Ges. Steyr	
Konstruktionsjahr	1908
Modell	1909 W.T.P.
Kaliber	6,35 Browning
Magazin 6Patr.	Wechselmagazin einreihig
Gesamtlänge	128 mm
Höhe	85 mm
Lauflänge	58 mm
Gewicht	360 g
Griffschalen	Kunststoff schwarz
Finish	brüniert
Sicherung	Hebel-Sicherung
Verschlußsystem	Rückstoßlader mit Feder-Masse-Verschluß Hahn-Schlagbolzen-Schloß innnen liegender Hahn

Beschriftung

Links: OESTERR. WAFFENFABRIKS-GES. STEYR.MADE AUSTRIA
Rechts: N.PIEPER PATENT
Griffschalen: beidseitig Steyr-Monogramm
Besonderheit: Kipplauf
Verschluß ohne Auszieher, erst ab 1931

Steyr-Pieper Modell 1909
Kaliber 7,65 mm Browning

Hersteller/Konstr.	Steyr, Nicolas Pieper Patent
Waffenfabrik	Österr. Waffenfabriks-Ges.Steyr
Konstruktionsjahr	1908
Modell	1909 T.P.
Kaliber	7,65 Browning
Magazin 8Patr.	Wechselmagazin einreihig
Gesamtlänge	166 mm
Höhe	11,5 mm
Lauflänge	92 mm
Gewicht	650 g
Griffschalen	Hartgummi schwarz
Finish	brüniert
Sicherung	Hebel-Sicherung
Verschlußsystem	Rückstoßlader mit Feder-Masse-Verschluß Schlagbolzenschloß innen liegender Hahn

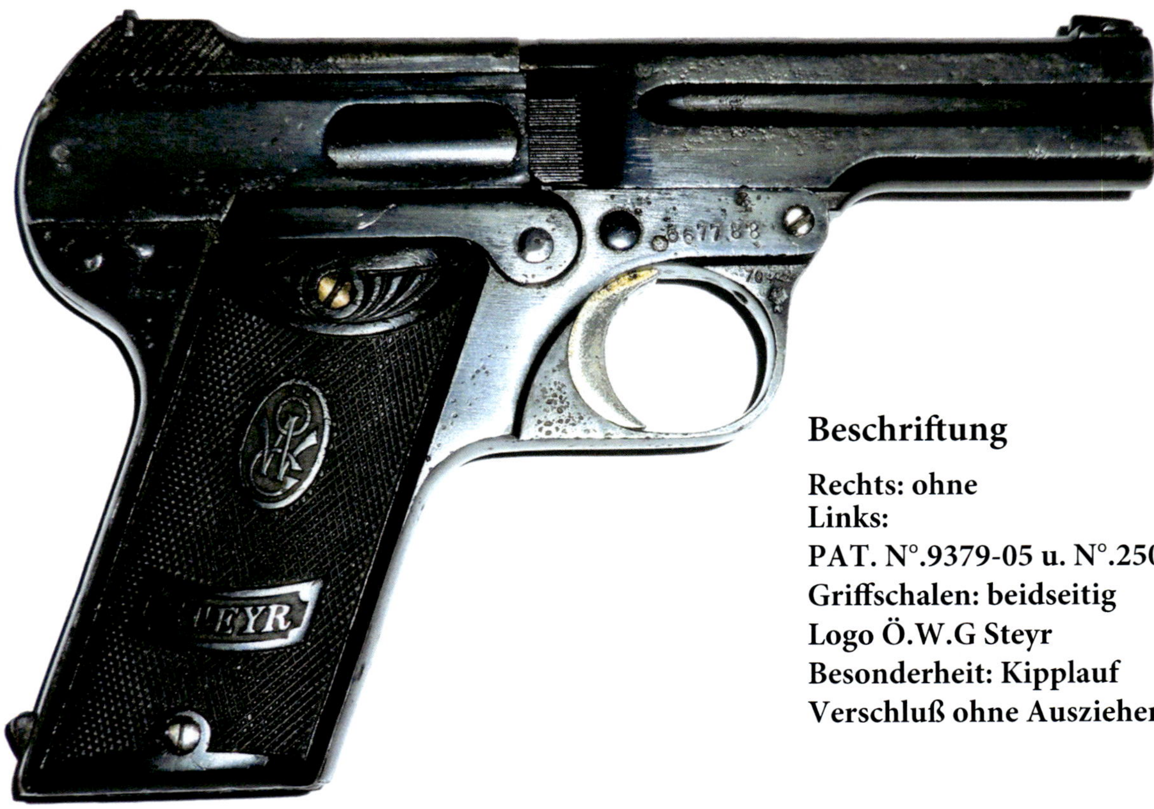

Beschriftung

Rechts: ohne
Links:
PAT. N°.9379-05 u. N°.25025-06 7,65
Griffschalen: beidseitig
Logo Ö.W.G Steyr
Besonderheit: Kipplauf
Verschluß ohne Auszieher, ab 1931

Steyr Modell 1912
Kaliber 9 mm Steyr

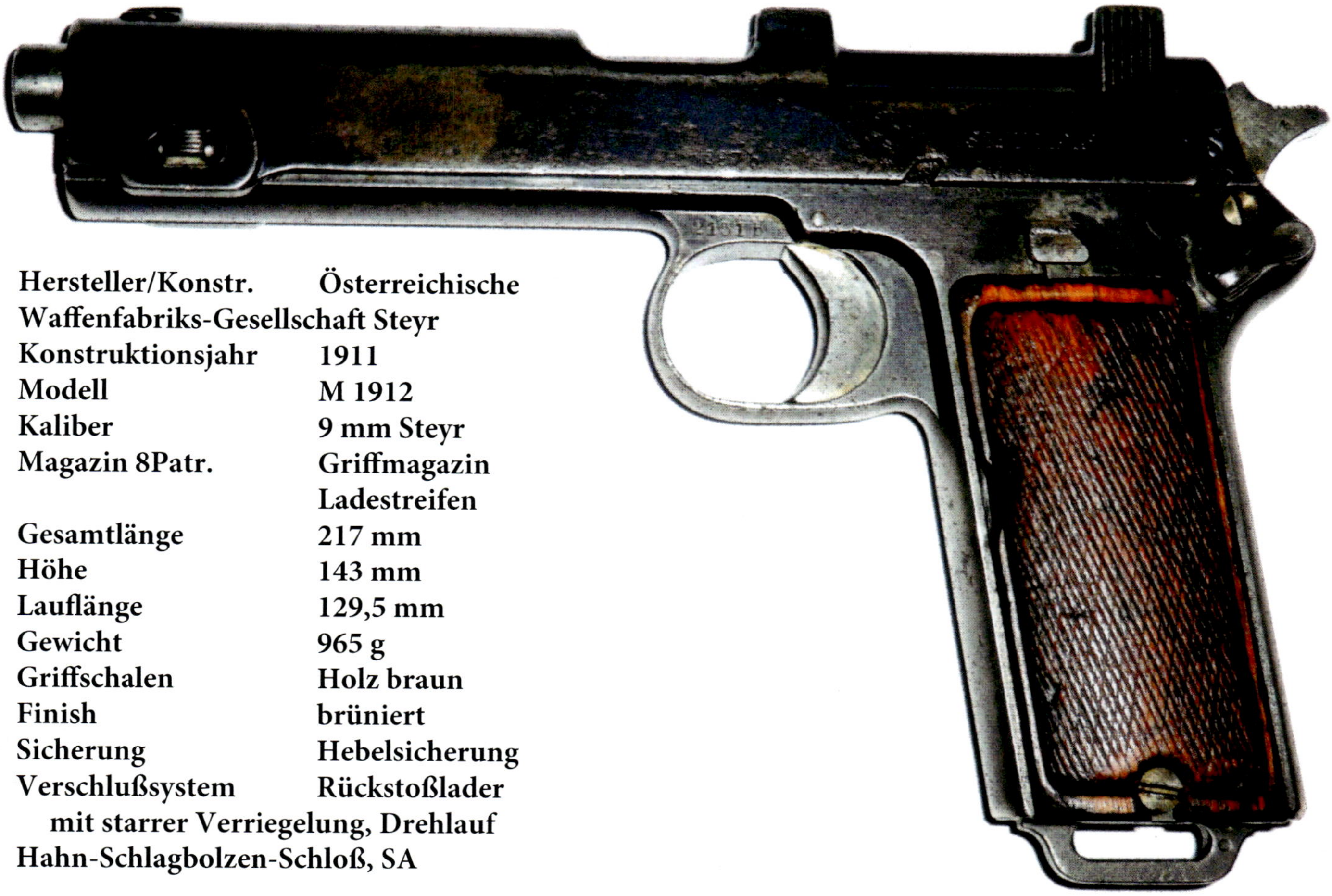

Hersteller/Konstr.	Österreichische
Waffenfabriks-Gesellschaft Steyr	
Konstruktionsjahr	1911
Modell	M 1912
Kaliber	9 mm Steyr
Magazin 8Patr.	Griffmagazin
	Ladestreifen
Gesamtlänge	217 mm
Höhe	143 mm
Lauflänge	129,5 mm
Gewicht	965 g
Griffschalen	Holz braun
Finish	brüniert
Sicherung	Hebelsicherung
Verschlußsystem	Rückstoßlader
mit starrer Verriegelung, Drehlauf	
Hahn-Schlagbolzen-Schloß, SA	

Beschriftung

Links: Md.1912 STEYR 1913
Rechts: ohne
Besonderheit:
Verschluß vorn links unter ausgeschliffenem Monogramm Md. 1912
Griffschalen: ohne
Brücke an Griffstück unten für Fangriemen

Parabellum Modell 1908 P.08
Kaliber 9 mm Parabellum

Hersteller/Konstr. Gewehrfabrik Erfurt
Hugo Borchart/ Georg Luger Patent

Konstruktionsjahr	1900/08
Modell	P.08/Parabellum
Kaliber	9 mm Para
Magazin 8Patr.	Wechselmagazin einreihig
Gesamtlänge	215 mm
Höhe	135 mm
Lauflänge	100 mm
Gewicht	892 g
Griffschalen	Plaste grau/schw.
Finish	brüniert
Sicherung	Hebelsicherung
Verschlußsystem	Rückstoßlader mit

starrer Verriegelung, Kniegelenkverschluß
Schalgbolzen-Schloß

Beschriftung

Hülsenoberseite (Gabelstück) 1917
Kniegelenk Oberseite Krone über Erfur
Vorderseite des Griffstückes
M.G. TR. 11.K.
Griffschalen: ohne Kennzeichnung
Besonderheit: neu brüniert
Magazin Nr.1001 und Griffschalen
Suhler Nachkriegsfertigung

Parabellum Modell 1908 P.08
Kaliber 9mm Parabellum

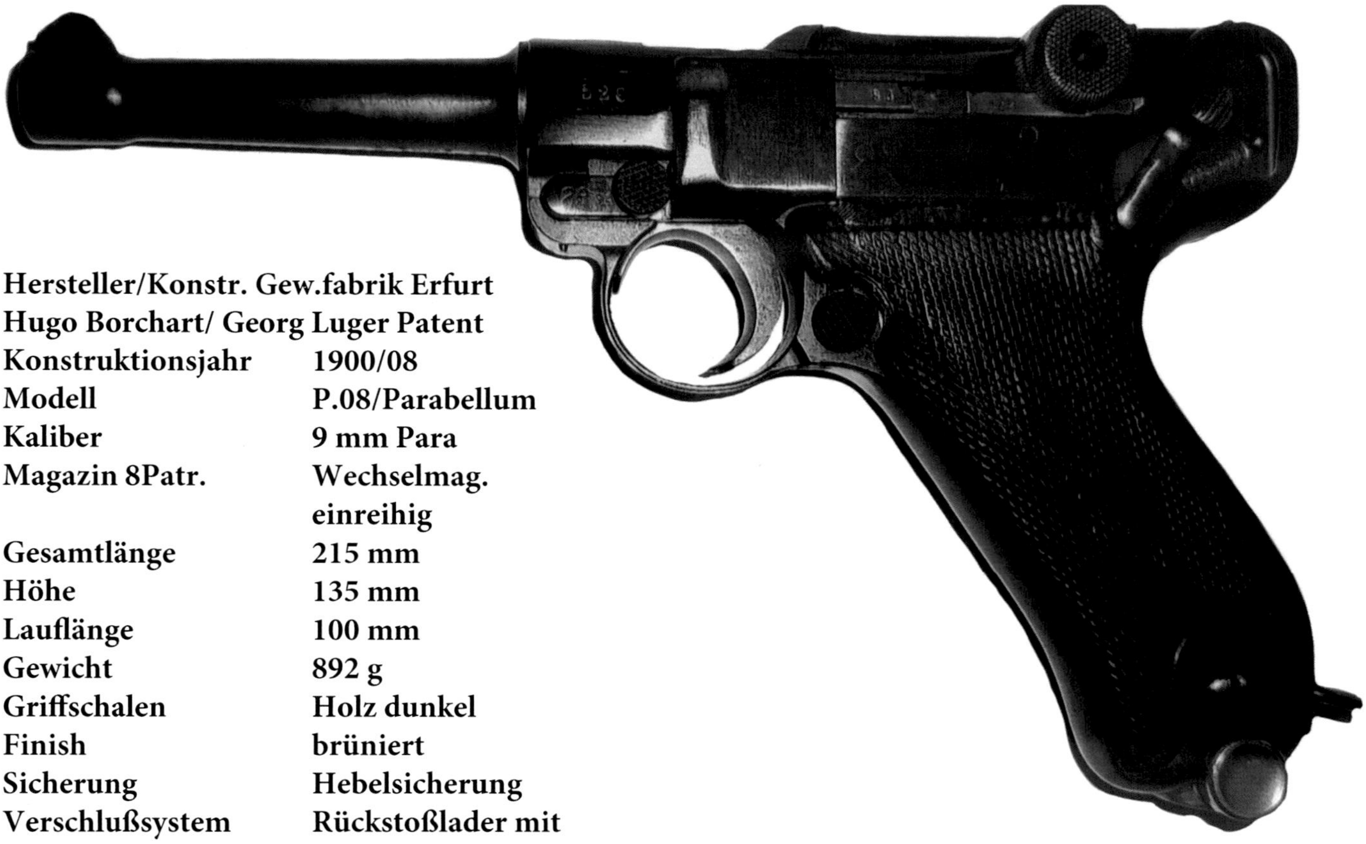

Hersteller/Konstr. Gew.fabrik Erfurt
Hugo Borchart/ Georg Luger Patent

Konstruktionsjahr	1900/08
Modell	P.08/Parabellum
Kaliber	9 mm Para
Magazin 8Patr.	Wechselmag. einreihig
Gesamtlänge	215 mm
Höhe	135 mm
Lauflänge	100 mm
Gewicht	892 g
Griffschalen	Holz dunkel
Finish	brüniert
Sicherung	Hebelsicherung
Verschlußsystem	Rückstoßlader mit

starrer Verriegelung, Kniegelenkverschluß
Schlagbolzen-Schloß

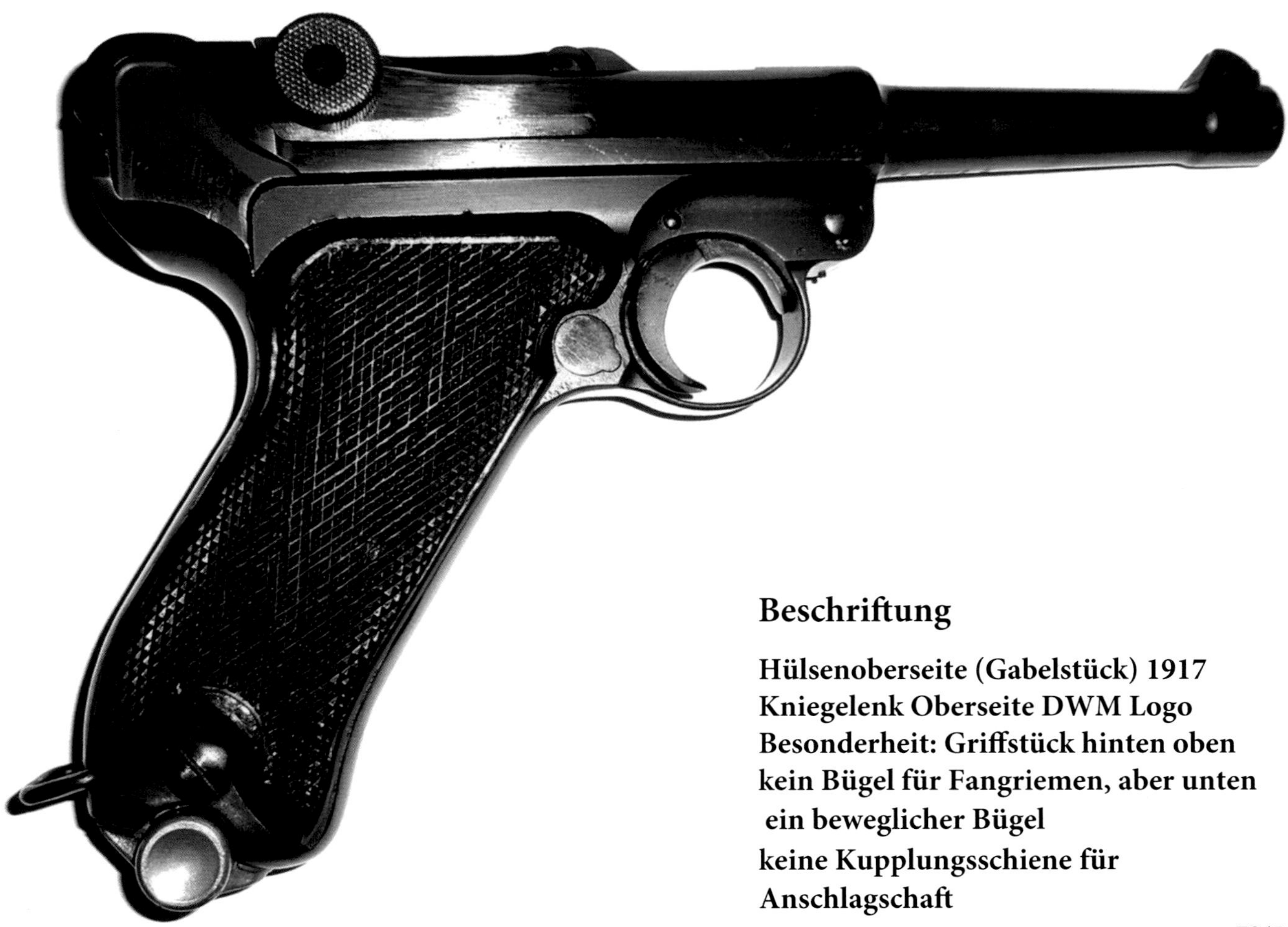

Beschriftung

Hülsenoberseite (Gabelstück) 1917
Kniegelenk Oberseite DWM Logo
Besonderheit: Griffstück hinten oben kein Bügel für Fangriemen, aber unten ein beweglicher Bügel
keine Kupplungsschiene für Anschlagschaft

Lange Parabellum Modell 1908 Artillerie (Ari)
Kaliber 9 mm Parabellum

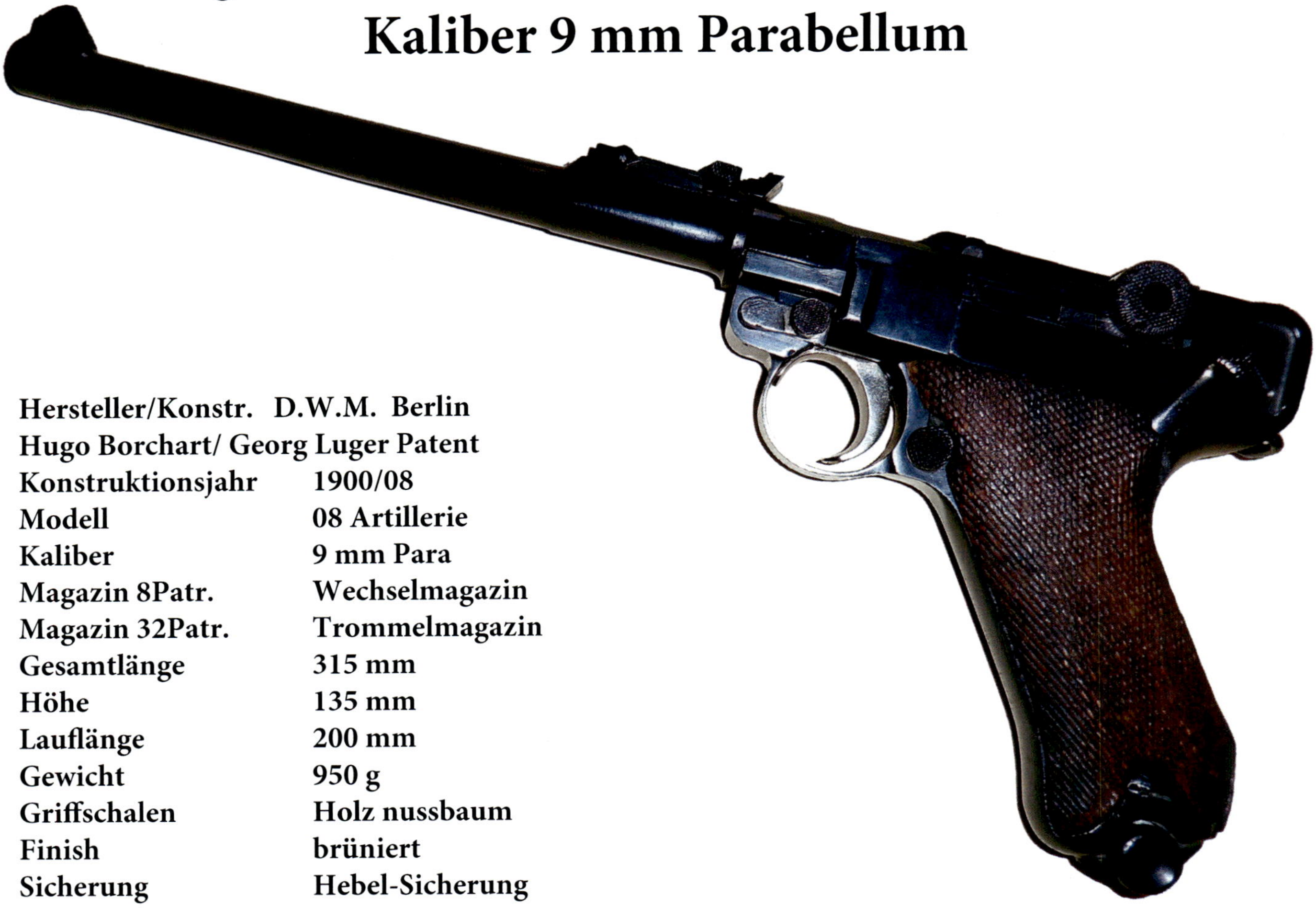

Hersteller/Konstr.	D.W.M. Berlin
Hugo Borchart/ Georg Luger Patent	
Konstruktionsjahr	1900/08
Modell	08 Artillerie
Kaliber	9 mm Para
Magazin 8Patr.	Wechselmagazin
Magazin 32Patr.	Trommelmagazin
Gesamtlänge	315 mm
Höhe	135 mm
Lauflänge	200 mm
Gewicht	950 g
Griffschalen	Holz nussbaum
Finish	brüniert
Sicherung	Hebel-Sicherung
Verschlußsystem	Rückstoßlader mit starrer Verriegelung, Kniegelenkverschl. Schlagbolzen-Schloß

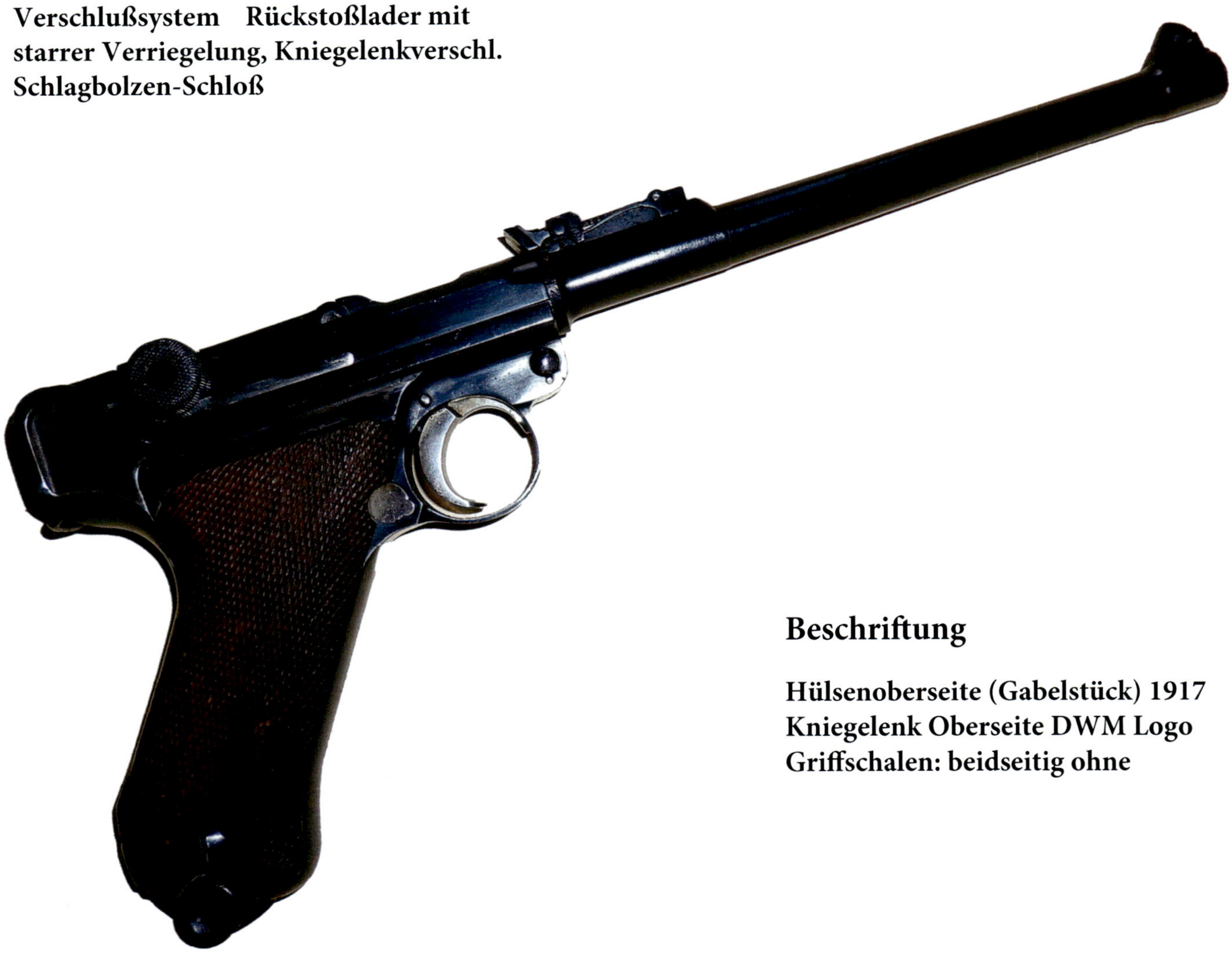

Beschriftung

Hülsenoberseite (Gabelstück) 1917
Kniegelenk Oberseite DWM Logo
Griffschalen: beidseitig ohne

Haenel Modell 1
Kaliber 6,35 mm Browning

Hersteller/Konstr.	Haenel Schmeisser`Pat.
Waffenfabrik Firma	C.G. Haenel Suhl (Th.)
Konstruktionsjahr	1920
Modell	M 1
Kaliber	6,35 Browning
Magazin 6Patr.	Wechselmagazin einreihig
Gesamtlänge	112 mm
Höhe	80 mm
Lauflänge	57 mm
Gewicht	350 g
Griffschalen	Hartgummi schwarz
Finish	brüniert
Sicherung	Hebel-Sicherung
Verschlußsystem	Rückstoßlader

Feder-Masse-Verschluß
Schlagbolzen-Schloß

Beschriftung

Links: HAENEL SUHL-SCHMEISSER´S PATENT
Rechts: ohne
Griffschalen:
beidseiting Haenel-Schmeisser Logo

Bayard Modell 1908 B. Clarus
Kaliber 7,65 Browning

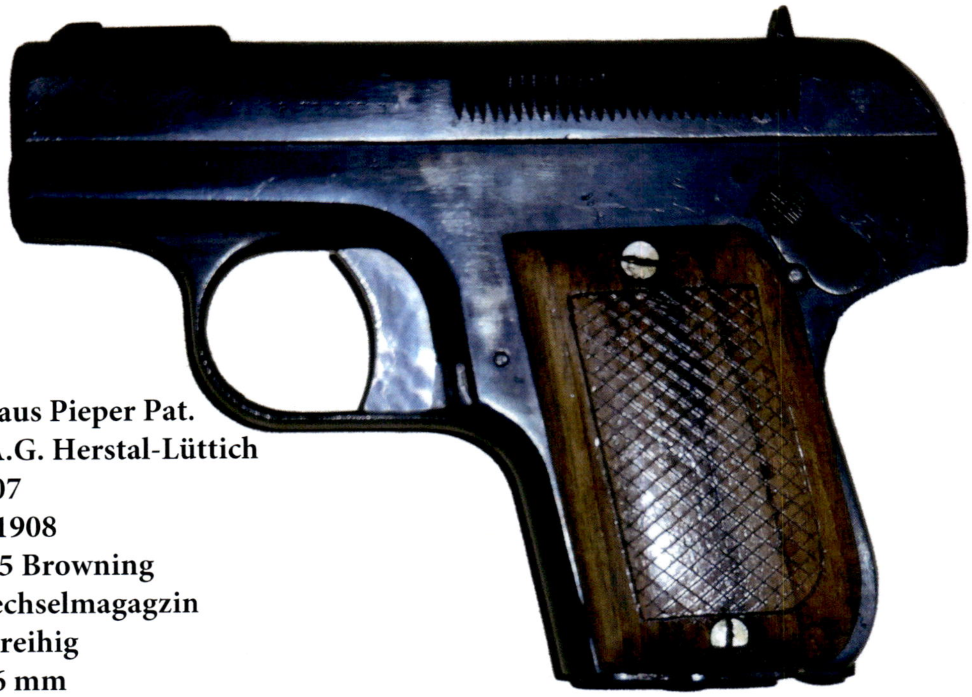

Hersteller/Konstr.	Nikolaus Pieper Pat.
Waffenfabrik	H. Pieper A.G. Herstal-Lüttich
Konstruktionsjahr	1907
Modell	M 1908
Kaliber	7,65 Browning
Magazin 5Patr.	Wechselmagagzin einreihig
Gesamtlänge	126 mm
Höhe	82 mm
Lauflänge	57 mm
Gewicht	470g
Griffschalen	Holz braun
Finish	brüniert
Sicherung	Hebelsicherung
Verschlußsystem	Rückstoßlader mit Hahn-Schlagbolzen-Schloß innen liegender Hahn

Beschriftung

Links und rechts: ohne
Griffschalen: ohne

MAB Modell D
Kaliber 7,65mm Browning

Hersteller/Konstr.	Fa. L. Barthe
1920 Adeur/Fr.	Manufacture d`Arms de`Bayonne
Konstruktionsjahr	1933
Modell	D
Kaliber	7,65 Browning
Magazin 9Patr.	Wechselmagagzin einreihig
Gesamtlänge	176 mm
Höhe	123 mm
Lauflänge	104 mm
Gewicht	700 g
Griffschalen	Kunststoff schwarz
Finish	brüniert
Sicherung	Hebel- und Handballensicherung
Verschlußsystem	Rückstoßlader mit Feder-Masse-verschluß Hahn-Schlagbolzen-Verschluß innen liegender Hahn

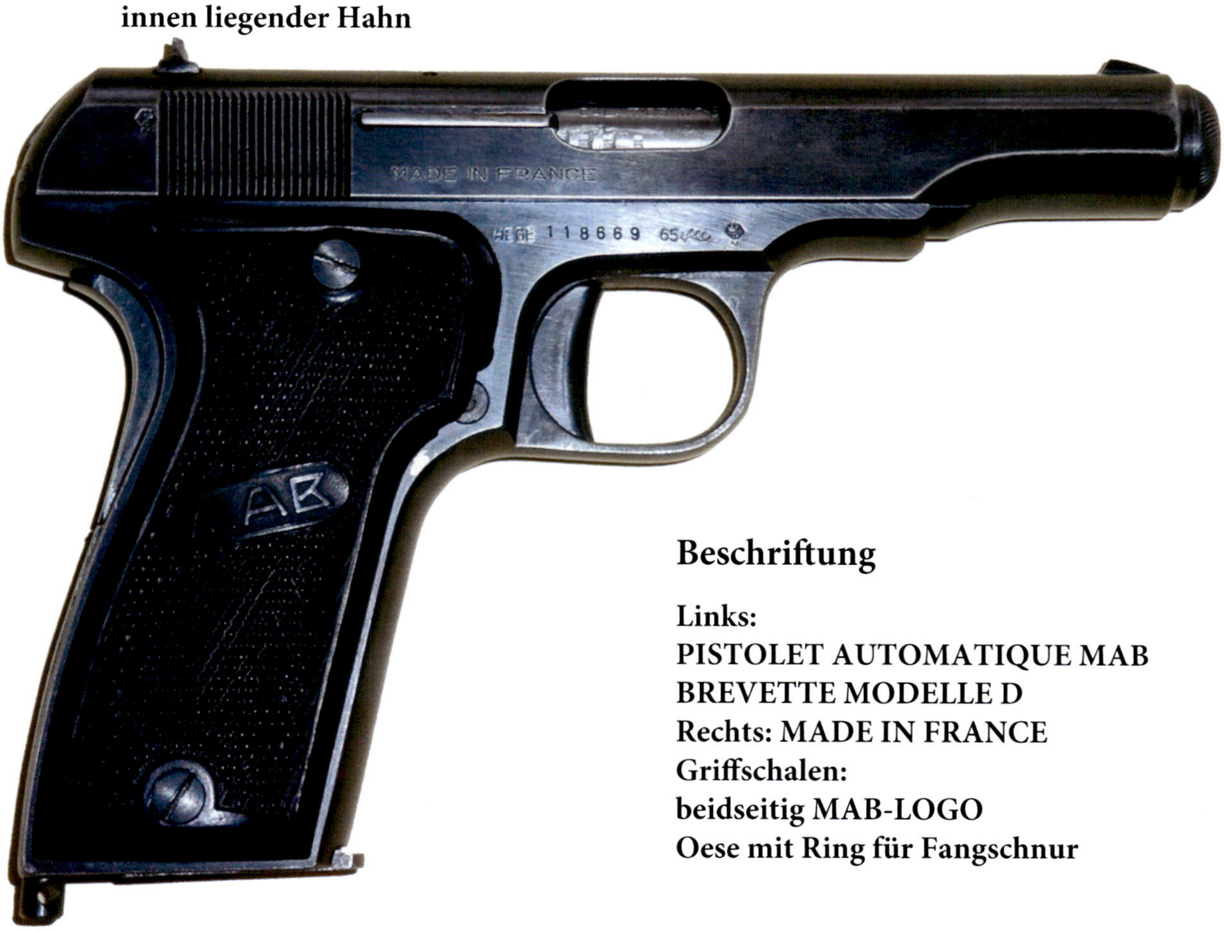

Beschriftung

Links:
PISTOLET AUTOMATIQUE MAB
BREVETTE MODELLE D
Rechts: MADE IN FRANCE
Griffschalen:
beidseitig MAB-LOGO
Oese mit Ring für Fangschnur

MAB Modell C
Kaliber 7,65mm Browning

Hersteller/Konstr.	Firma Leon Barthe
1920 Adeur/Fr.Waffenfabrik	
Manufacture d`Arms de`Bayonne	
Konstruktionsjahr	1932
Modell	C
Kaliber	7,65 Browning
Magazin 7Patr.	Wechselmagazin einreihig
Gesamtlänge	154 mm
Höhe	119 mm
Lauflänge	83 mm
Gewicht	650 g
Griffschalen	Kunststoff schwarz
Finish	brüniert
Sicherung	Hebel- und Handballensicherung
Verschlußsystem	Rückstoßlader mit Feder-Masse-Verschluß Hahn-Schlagbolzen-Verschluß innen liegender Hahn

Beschriftung

Links:
PISTOLET AUTOMATIQUE MAB
BREVETTE MODELLE C
Rechts: MADE IN FRANCE
Griffschalen: beidseitig
MAB-LOGO

Revolver Nagant Modell 1895/1944
Kaliber 7,62 mm Nagant

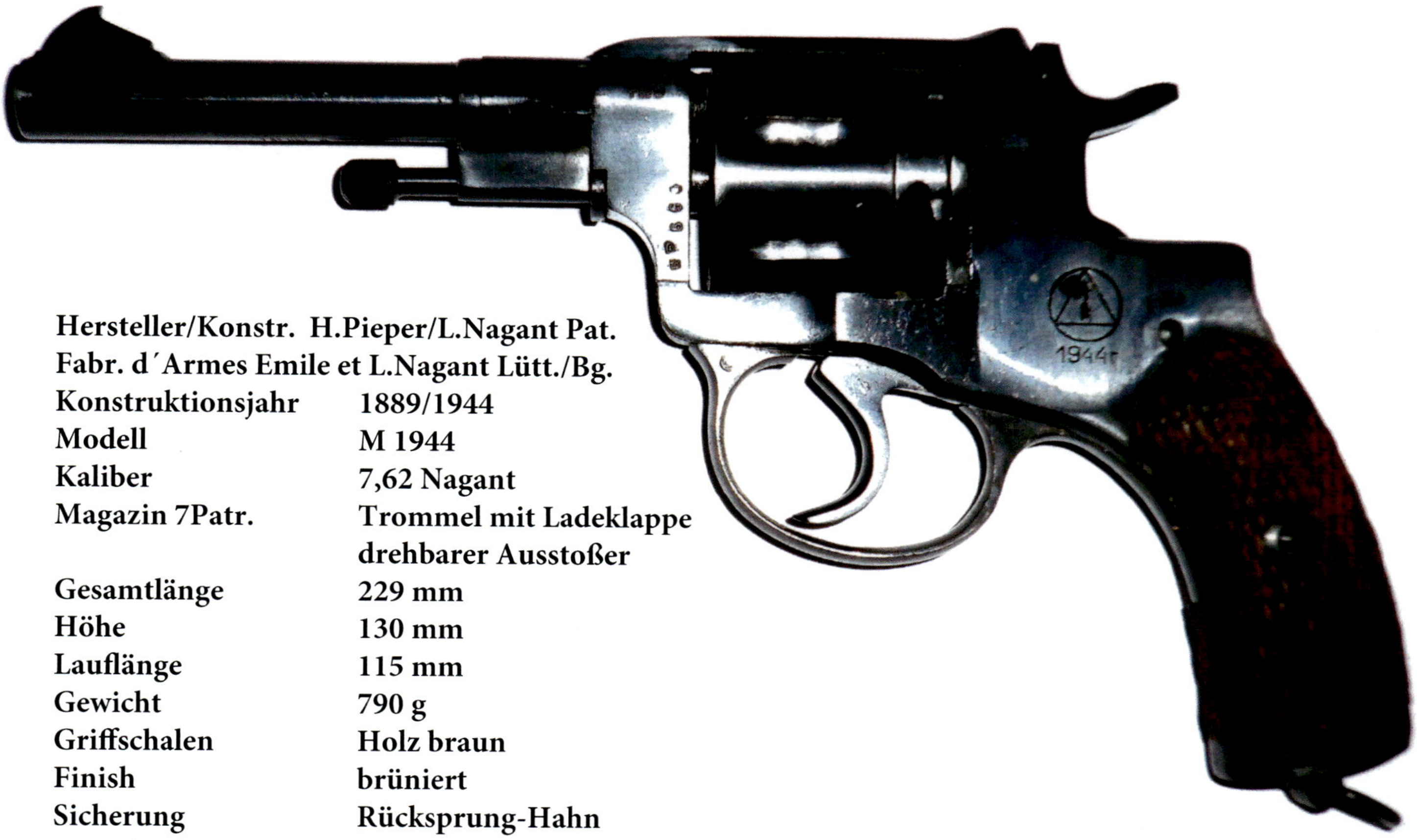

Hersteller/Konstr. H.Pieper/L.Nagant Pat.
Fabr. d´Armes Emile et L.Nagant Lütt./Bg.

Konstruktionsjahr	1889/1944
Modell	M 1944
Kaliber	7,62 Nagant
Magazin 7Patr.	Trommel mit Ladeklappe drehbarer Ausstoßer
Gesamtlänge	229 mm
Höhe	130 mm
Lauflänge	115 mm
Gewicht	790 g
Griffschalen	Holz braun
Finish	brüniert
Sicherung	Rücksprung-Hahn

Verschlußsystem geschlossener Rahmen
zwei Trommelbewegungen
drehend u. schiebend in Laufrichtung
Hahn-Schloß DA/SA

Beschriftung

Links: Kreis mit Pfeil im Dreieck/ 1944r
Tula ab 1940
Rechts: ohne
Griffschalen: beidseitig ohne
Oese mit Ring, Fangschnur
Besonderheit:
gasdichter Revolver, durch Abdichten des Trommel-Spaltes mtls. Spez. Patr., u. besonderer Schloßkonstruktion
Schalldämper tauglich

Armee Revolver Modell 1883
Kaliber 10,55mm

Hersteller/Konstr. Staatliche Kommission für Waffen und Ausrüstung
Waffenfabrik Preus. Gewehrfabrik Erfurt
Konstruktionsjahr 1882
Modell M 1883
Kaliber 10,55 mm
Magazin 6Patr. Trommel
kein Auswerfer/ Ausstoßer
Gesamtlänge 255 mm
Höhe 155 mm
Lauflänge 117 mm
Gewicht 900 g
Griffschalen Holz braun
Finish brüniert
Sicherung Hebel-Sicherung
Verschlußsystem geschlossener Rahmen
Hahn-Schloß / SA

Beschriftung

Links: Krone über Erfurt
1893
Rechts: ohne
Griffschalen: beidseitig ohne
Oese für Ring
Fangschnur oder Fangriemen

Astra Modell 200
Kaliber 6,35mm Browning

Hersteller/Konstr. Astra Uneceta Y Compania SA Guernica Spania

Konstuktionsjahr	**1925**
Modell	**M 200**
Kaliber	**6,35 Browning**
Magagzin 6 Pat.	**Wechselmagazin einreihig**
Gesamtlänge	**112 mm**
Höhe	**80 mm**
Lauflänge	**56 mm**
Gewicht	**360g**
Griffschalen	**Kunststoff schwarz**
Finish	**brüniert**
Sicherung	**Hebel- und Handballen**
Verschlußsystem	**Rückstoßlader mit Feder-Masse-Verschluß**

Schlagbolzen-Schloß

Beschriftung

Rechts: ohne
Links: Astra Unceta Y Compania
SA Guernica
ASTRA – Cal. 6,35 .25
MADE IN SPAIN
Griffschalen: beidseitig Astra Logo

Leuchtpistole HASAG Modell 42
Kaliber 26,6 mm 4 Signal

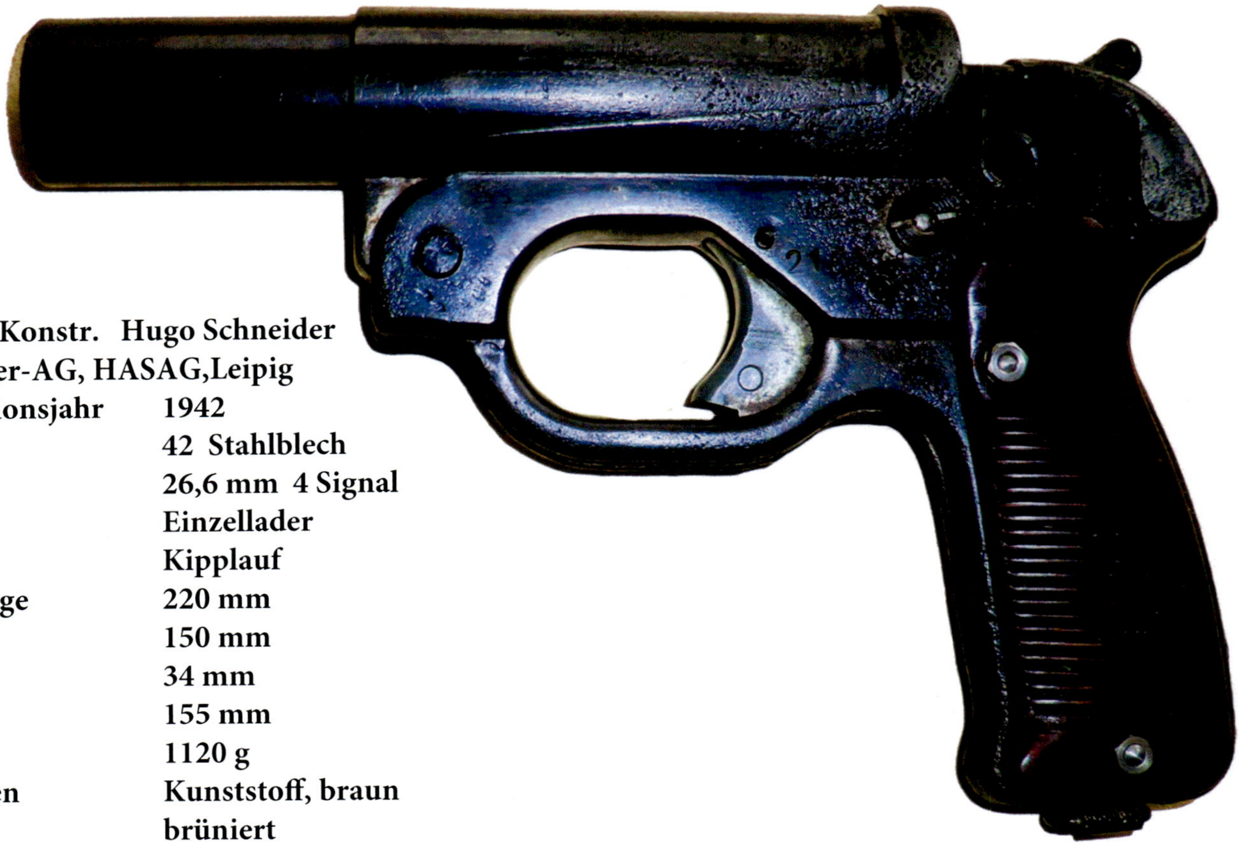

Hersteller/Konstr.	Hugo Schneider H.Schneider-AG, HASAG,Leipig
Konstruktionsjahr	1942
Modell	42 Stahlblech
Kaliber	26,6 mm 4 Signal
Magazin	Einzellader Kipplauf
Gesamtlänge	220 mm
Höhe	150 mm
Breite	34 mm
Lauflänge	155 mm
Gewicht	1120 g
Griffschalen	Kunststoff, braun
Finish	brüniert
Sicherung	Ladeanzeige
Verschlußsystem	Kipplauf Hahn-Schlagbolzen-Schloß, SA

Beschriftung

Links: wa code Hugo Schneider – AG
21527
Rechts: ohne
Griffschalen: beidseitig ohne
beweglicher Ring für Fangriemen

Leuchtpistole HASAG Mod. 42
Hersteller Hugo Schneider AG HASAG Leipzig

Die Ortgies – Pistole
Kaliber 6,35mm, 7,65 mm Browning, 9 mm kurz/380ACP

Heinrich Ortgies reiht sich mit seiner besonderen Konstruktion, dem teilgespannten Schloss, in die Riege der Waffenerfinder Deutschlands ein, wie zum Beispiel Paul Mauser, Karl Walther und Luis Schmeisser, die in der ganzen Welt große Beachtung fanden. Die Pistole konstruierte er 1915/16 im belgischen Lüttich, wo Ortgies in der Waffenbranche tätig war. Das Patent meldete er am 12. September 1916 in Belgien an und sorgte dort bereits für Aufsehen. Es gab Anfragen von Waffenfirmen zur Herstellung der Pistole; Belgien war ja ein Zentrum der Waffenindustrie.

Ortgies war aber nicht nur Erfinder, sondern auch Unternehmer. Nach dem Krieg ging er nach Deutschland zurück und gründete in Erfurt (Thüringen) Anfang 1919 seine eigene Firma „H. Ortgies & Co.“. Die Produktion der Pistole in den Kalibern 6,35 mm und 7,65 mm begann so zeitnah. Um 1920 patentierte Ortgies einen Kaliberwechsel von 7,65 mm auf 9 mm kurz durch einen einfachen Laufwechsel; Schließfeder und Magazin blieben unverändert. Das Magazin war so ausgelegt, dass problemlos 7 Patronen 9 mm kurz oder 8 Patronen 7,65 mm aufgenommen werden konnten. Seine Firma meldete in ganz Europa und Übersee Patente an; es gab auch die ersten Aufträge aus dem Ausland.

Die große Nachfrage nach seiner Pistole stellte die kleine Firma jedoch vor ein Problem. Eine Expansion, um mehr Waffen herstellen und damit die hohe Nachfrage bedienen zu können, wollten Ortgies und seine Teilhaber nicht. Es war die Zeit der Wirtschaftskrise, und als Unternehmer entschied man sich 1921 für einen Verkauf der Firma. Bis dahin waren etwa 15.000 Pistolen hergestellt worden. Den Zuschlag erhielt die in Erfurt ansässige Deutsche Werke AG. Man übergab alle Rechte an den Patenten sowie Maschinen und Werkstätten. Die Produktion wurde sofort wieder aufgenommen; nun wurden auch Pistolen im Kaliber 9 mm kurz in die Fertigung aufgenommen. Bis 1922/23 sind etwa 446.000 Pistolen in allen Kalibern hergestellt worden.

Durch die Möglichkeit einer Umrüstung auf 9 mm kurz war das Ende der Pistole besiegelt: Die Herstellung von 9-mm-Pistolen war laut Beschränkung des Versailler Vertrags in Deutschland verboten. 1923/24 musste die Produktion vollständig eingestellt werden. Das wäre heute undenkbar — man hätte wahrscheinlich geklagt. Der 7,65-mm-Lauf musste nur mit dem Griffstück fest verbunden werden, zum Beispiel mit einem Stift, wie bei der Beholla. Aber Deutschland hatte den Krieg verloren und sollte ja entmilitarisiert werden.

Wo sollte man da klagen?

Pistole Ortgies
Die „Glock" der 1920er Jahre

Zur damaligen Zeit eine moderne, wegweisende Konstruktion: sehr gut verarbeitet, wenige Bauteile, einfach im Aufbau und in der Handhabung. Die Pistole konnte ohne Werkzeug zerlegt werden — kein Abschrauben von Bauteilen, es gab keine Schraube. Alles war gesteckt oder geklemmt (z. B. Griffschalen). Zum Zerlegen drückt man den Sperr-, Zerlege- und Sicherungsknopf, ein universelles Bauteil. Dieser wirkte auf die Handballensicherung und die Schlagbolzenfeder. Die Ortgies konnte im gesicherten Zustand geladen und entladen werden. Die Pistole konnte geladen (Patrone im Lauf) durch die Griffsicherung gesichert, gefahrlos geführt werden und war sofort schussbereit. Dieser Zustand war damals nicht gewollt; als sicher galt: keine Patrone im Lauf sowie eine zusätzliche Sicherung. Ein schnelles Schießen war nicht vorgesehen.

Diese Einstellung änderte sich 15 Jahre später, als die Walther PP mit ihrem Revolver-Schlosssystem auf den Markt kam. 50 Jahre später verwirklichte Glock mit seiner Pistole die Idee von Ortgies — den schnellen Schuss — mit seinem teilvorgespannten DAO-System, das dem vorgespannten System von Ortgies ähnelte. Mit dem neuen Kunststoffgriffstück und dem Sicherheitsabzug, wie ihn Sauer & Sohn 1930 einführte, wurde die Pistole ein weltweiter Erfolg. In den USA gelangte die Glock zum FBI und zur CIA sowie in einzelnen Bundesstaaten zur Polizei. Weltweit blieb die Glock jedoch vorrangig Sondereinheiten und Sicherheitsdiensten vorbehalten. In Deutschland führten die GSG 9 und der MAD Glock-Pistolen ein.

Sachsen-Anhalt ist das einzige Bundesland, in dem 2019 durch den damaligen Innenminister Holger Stahlknecht das Glock Modell 46 (Kal. 9 mm Para) für die Landespolizei angeschafft wurde.

Lange Pistole 08 / Parabellum

im Volksmund früher und heute in Sammlerkreisen kurz „Ari 08“ genannt, da sie für die deutsche Feldartillerie vorgesehen war

Lange Pistole Parabellum 08 1913

Die Pistole wurde auf kaiserlichen Erlass vom 1. Juni 1913 forciert produziert und anschließend beim Heer eingeführt. Eigentlich für die Feldartillerie gedacht — die mit Revolver M83 und Karabiner ausgerüstet war — kam sie auch zu Festungsbesatzungen, Flieger- und Gendarmerieeinheiten. Die Waffe mit Anschlagschaft und einem 32-Patronen-Trommelmagazin war fast schon eine Maschinenpistole; so setzten sie die Sturmtruppen im Grabenkampf ein.

Die Bergemann „MP 18 I“ mit dem gleichen Trommelmagazin war noch nicht erfunden. Erst gegen Ende des Ersten Weltkrieges, Anfang 1918, kam die von Hugo Schmeisser entwickelte erste feldtaugliche Maschinenpistole der Welt zum Einsatz.

Im Volksmund und in Sammlerkreisen hat sich die Bezeichnung „Ari 08“ (Artillerie) für die Pistole eingebürgert.

Zwischen 1918 und 1923 waren die „Ari“ und die C96 im Kaliber 9 mm Para / 7,63 mm bei Polizei und Gendarmerie der Weimarer Republik in der Ausrüstung. Dann fielen die Pistolen unter die Bestimmungen des Versailler Vertrags, der die Verwendung und Herstellung aller 9-mm-Pistolen verbot. Bei den von Polizei und Gendarmerie verwendeten 9-mm-Pistolen, wie der P08, machte man jedoch eine Ausnahme: Die DWM-Fabriken durften 1920 mit Genehmigung der Alliierten etwa 40.000 Parabellums produzieren, dann war endgültig Schluss. Fortan stellte die Firma Simson in Suhl/Thüringen die Pistole P08 nur noch in Kleinserien für Polizei und Reichswehr her.

Die lange P08 sowie die C96 im Kaliber 9 mm Para und 7,63 mm sollten entmilitarisiert werden, was durch Kürzen der Läufe auf 100 mm und Änderung des militärischen Visiers erfolgte. Somit waren die Waffen ebenfalls für die Polizeiverwendung freigegeben.

Pistole 08 mit Anschlagbrett (Schulterstütze)

Ab 1913 wurden auf Anweisung des preußischen Kriegsministeriums zur Vereinfachung der Herstellung der Pistole 08 alle Griffstücke — es gab mittlerweile drei unterschiedliche Konstruktionen — auf nur noch ein Griffstück reduziert: Es wurde fortan ausschließlich das Griffstück mit einer Kupplungsleiste am unteren Ende hergestellt. So konnte dann, analog zur „Marine 04“ und zur „Ari 08“, auch an der kurzen P08 ein Anschlagbrett befestigt werden.
Diese Zielhilfe war für diese Pistolen zwar nie vorgesehen, doch Waffenwerkstätten und Instandsetzungskompanien an der Front verfügten über Bestände von Anschlagbrettern. Die Waffenmeister benutzten sie zum Anschießen nach Reparaturen oder zur generellen Überprüfung einer P08. Generell gab es in der Ausstattung von Heer und Polizei jedoch keine Anschlagbretter. Auf dem zivilen Markt waren die Zielhilfen hingegen gefragt und fanden viele Käufer.

Reichsrevolver 83 und Futteral zum Tragen am Koppel

Deutschland

Armee-Revolver Modell 1883
Kaliber 10,6 mm — modifiziertes Modell 1879

Die Armeen der Teilstaaten des 1871 gegründeten Deutschen Reiches waren durchweg mit veralteten Vorderlader-Perkussionspistolen unterschiedlicher Modelle ausgerüstet. Eine Modernisierung und Standardisierung sollte Abhilfe schaffen. Dazu wurde Mitte der 1870er Jahre eine staatliche Kommission für Bewaffnung und Ausrüstung ins Leben gerufen. Sie bestand aus hohen Staatsbeamten, Offizieren und Waffenproduzenten wie z. B. Mauser, Haenel, Dreyse und Löwe. Man wollte eine moderne Faustfeuerwaffe und später eine einheitliche Langwaffe — das wurde das Gewehr 88 der Firma Löwe Berlin. Im Falle der Kurzwaffe entschied man sich für eine vereinfachte Version des Revolvers Smith & Wesson Modell No. 3 „Russian" im Kaliber .44 S&W, der bereits im Original in Russland in der Ausrüstung war. Der damals moderne Revolver hatte einen Kipplauf mit automatischem Hülsenauswurf.

Für die Mitglieder der Kommission war das Original jedoch zu teuer und ihrer Ansicht nach zu „kompliziert". Man entschied sich für eine abgespeckte Version ohne Kipplauf und ohne Patronenausstoßer, wie er beim Nagant-Revolver verwendet wurde. Dieser Ausstoßer wurde später von Haenel und Dreyse angebaut, allerdings nur für den zivilen Markt. Der Armeerevolver blieb zunächst unverändert, also ohne Ausstoßer.

Der deutsche Revolver M79 und der M83 besaßen ein Schloss mit einfacher Bewegung (Single Action), eine manuelle Sicherung und eine herausnehmbare Trommel für sechs Patronen. Die Patrone hatte Berdan-Zündung, eine Schwarzpulverfüllung mit Gewehrpulver des Mauser-Gewehres M71 und ein gefettetes Bleigeschoss. Sie wurde als deutsche Revolverpatrone im Kaliber 10,55 mm eingeführt. Geladen und entladen wurde über eine Ladeklappe am Rahmen. Zum Ausstoßen der Patronenhülsen musste ein separater Ausstoßer verwendet werden, der sich im Futteral neben sechs Reservepatronen befand.

Das erste Modell M79 fiel bei der Truppe durch — zu schwer, zu lang, mit der futuristisch wirkenden Laufwulst an der Mündung und damit zu unhandlich. Somit kam bereits 1883 das überarbeitete Revolvermodell M83, das leichter und kürzer war, in die Bewaffnung. Der Revolver M83 wurde vorrangig von den staatlichen preußischen Gewehrfabriken in Erfurt hergestellt, später auch von Haenel und Dreyse. Die Waffe wurde in allen Teilstaaten des Reiches einheitlich bei den bewaffneten Organen eingeführt.

Nach dem Ersten Weltkrieg wurde sie ausgemustert und nur noch von rückwärtigen Diensten der Polizei und privaten Wachunternehmen genutzt. Ein Großteil wurde jedoch in Zeughäusern eingelagert. Die Patrone mit NC-Pulverfüllung wurde bis in die 1930er Jahre hergestellt, so dass der „Reichs-Revolver" am Ende des Krieges durch seine Verwendung im Volkssturm noch einmal eine Renaissance erlebte. Amerikaner nahmen viele Exemplare als Andenken mit.

Revolver Nagant und Futteral zum Tragen am Koppel

Rußland

Revolver Nagant 1895
Kaliber 7,62 mm – 7,62 × 38 R

Der Revolver wurde von den Konstrukteuren Henry Pieper und Léon Nagant entwickelt. Beide waren bei der Firma Fabrique d'Armes, die 1859 von den Brüdern Émile und Léon Nagant im belgischen Lüttich gegründet worden war, beschäftigt. Sie wollten mit ihrer Konstruktion den Gasverlust durch den Spalt zwischen Laufende und Trommel — der bei allen Revolvern durch das Drehen der Trommel bedingt ist — beseitigen.

Der Revolver im Kaliber 7,62 mm hatte einen geschlossenen Rahmen, eine Trommel für 7 Patronen, eine Lade- und Entladeklappe sowie einen schwenkbaren Ausstoßer. Die Schlossfunktion stellte eine Besonderheit dar: Beim Betätigen des Abzuges (DA) oder des Schlaghahnes (SA) dreht die Trommel zur nächsten Kammer und wird gleichzeitig auf das konische Laufende geschoben, so dass der Patronenmund in den Lauf ragt. Da die Kammern der Trommel vorn etwa 2 mm abgesenkt sind, ragt der Hülsenmund der „Spezialpatrone, deren Geschoss bündig in die Hülse gesetzt ist", 2 mm aus der abgesenkten Kammer heraus. Der Patronenmund, der 2 mm in das Laufende ragt, presst sich beim Schuss an die Laufinnenwand ab — so bildet sich eine Liderung. Der Trommelspalt ist gasdicht verschlossen.

Da die Konstruktionsarbeiten noch in die Schwarzpulverära fielen, waren sie zur Patentierung bereits teilweise überholt. Inzwischen hatte die Zeit des Nitrocellulose-Pulvers (NC-Pulver) begonnen; dieses entwickelte bei der Verbrennung etwa das Doppelte des Gasdrucks von Schwarzpulver. Damit wurde ein Gasverlust weitgehend irrelevant. Dennoch war der Revolver der einzige damals gebräuchliche Revolver, der für Schalldämpfer tauglich war. Die Brüder Mitin entwickelten einen Dämpfer, der nach ihnen benannt wurde — der „Bramit" —; er kam vor allem beim russischen Geheimdienst (NKVD) zum Einsatz.

Der robuste, störungsfrei funktionierende Revolver mit seiner besonderen Konstruktion wurde von einigen Ländern Europas, etwa Schweden, Frankreich, Polen und Belgien, für Polizei und Armee übernommen. Das zaristische Russland erwarb die Lizenz und die Maschinen zur Herstellung des Nagant. Die Produktion lief zur Jahrhundertwende (um 1900) in einigen Werken wie Ischewsk, Tolski und Tula an und lief bis Mitte der 1930er Jahre. Nach dem Überfall Deutschlands auf die Sowjetunion begann die Produktion sofort wieder. Obwohl technisch veraltet und durch die TT33 als moderne Selbstladepistole abgelöst, wurde die Produktion fortgesetzt.

Bei den Frontsoldaten war der Nagant dank seiner robusten, unverwüstlichen Konstruktion sehr beliebt — trotz des relativ hohen Abzugswiderstands. Der Soldat schoss auf den Feind und nicht auf Scheiben; eine Funktionsstörung konnte den Tod des Schützen bedeuten. Die Produktion des Nagant endete mit dem Ende des Zweiten Weltkrieges. Der Revolver blieb jedoch bis Mitte der 1980er Jahre in Wach- und Werkschutzeinrichtungen der Sowjetunion im Dienstgebrauch.

FN Pistole High Power M35
9 mm Parabellum

Die HP aus dem Jahr 1928 war die letzte Konstruktion von John Moses Browning. Sie besaß als einzig bekannte Selbstladepistole der damaligen Zeit ein zweireihiges Wechselmagazin für 13 Patronen. Das war ein konstruktiver Vorgriff in die heutige Zeit. Heute besitzen in der Regel alle 9 mm Para-Pistolen bei der Polizei und Armee Magazinkapazität von 13 oder 15 Patronen, in Ausnahmen auch mehr.

Die größte und die kleinste Pistole der Sammlung Mauser C96 und Walther Modell 9

Walther Modell 9

Die Selbstladepistole Walther Modell 9 im Kaliber 6,35 mm Browning von 1921 war die letzte „6,35“-Konstruktion aus der Ära Zella-Mehlis (Thüringen). Sie ist eine Anlehnung an das Walther Modell 1, die erste Pistole der Firma Walther aus Thüringen. So ist beispielsweise der Verschluss ebenfalls abgestuft und der Lauf liegt zum Teil frei.

Die Pistole — ohne herausragende Bauteile, die den Träger behindern könnten, und durch ihre sehr kleinen Abmessungen — war von vornherein als Westentaschenpistole konzipiert worden. Im zivilen Gebrauch wurde sie als Damenwaffe angeboten und erwies sich als Dienstwaffe hervorragend zum verdeckten Tragen. Daher ist die Pistole bei etlichen deutschen Polizeibehörden bis 1945 anzutreffen. Besonders für weibliche Kriminalbeamte wurde sie angeschafft. Sie war ein Vorbild für andere Konstrukteure, unter anderem für zwei Modelle von František Dušek: die Pistole „DUO“ von 1926 und das Modell „PERLA“ aus dem Jahr 1935, eine beinahe Kopie des Walther Modell 9. Das Walther Modell 9 blieb auch nach 1945 noch lange in Ost und West bei den Sicherheitsbehörden im Gebrauch.

Mauser C96 Modell 1930

Die Mauserpistole C96 im Kal. 7,63 mm Mauser trug maßgeblich zum Durchbruch der Selbstladepistolen im Militärbereich bei. In den Mauserwerken Oberndorf a. N. konstruierten die Brüder Feederli unter Leitung der Gebrüder Mauser diese neue Pistole. Das erste Patent ist am 11.12.1895 eingetragen. Zwei Jahre später begann die Serienfertigung der Pistole. Bei der C96 handelt es sich um einen Rückstoßlader mit zurückgleitendem Lauf, starrerer Verriegelung (mechanisch), Schwenkriegel und einem Hahn-Schlagbolzen-Schloß in SA Ausführung.

Diese Funktionsweise bezeichnete man um 1895 als Rücklaufpistole. Die sehr leistungsstarke Patrone 7,63 × 25 mm baut auf der 7,65 mm-Patrone der Borchardt-Pistole C93 auf. Es wurden auch Pistolen im Kaliber 9 mm Mauser und 9 mm Parabellum produziert. Ein eingebautes Kastenmagazin, zu laden mit Ladestreifen wie bei den Mauser-Gewehren, nahm 6, 10 und 20 Patronen auf. Das Kastenmagazin befindet sich vor dem Abzugsbügel — ein besonderes Erkennungsmerkmal der Waffe. An die meisten Pistolen konnte ein Anschlagkolben, der gleichzeitig als Futteral die C96 aufnahm, angebracht werden. Die Waffen funktionierten bei Probeschießvorführungen störungsfrei und sorgten für große Beachtung bei den Militärs. Sogar der deutsche Kaiser schoss selbst mit einer Waffe und war begeistert. Die für die Beschaffung zuständigen Heeresstellen lehnten die Pistole jedoch als Dienstwaffe ab: zu groß, zu schwer und für den normalen Waffenträger zu kompliziert. Wie bekannt ist, wurde das Modell 1908 von Luger — die Pistole „08" — für Heer, Marine und Polizei als Dienstwaffe übernommen. Mauser erkannte frühzeitig, dass sich seine Pistole gegen die Luger P08 nicht durchsetzen konnte, und sicherte sich Absatzmärkte in anderen Ländern. Besonders Mittel- und Lateinamerika, die bereits Mauser-Gewehre und Karabiner in der Ausrüstung hatten, interessierten sich für die Mauser C96. Bis 1912 wurden etwa 100.000 Pistolen produziert und verkauft. Allein 10.000 gingen schon 1911 nach Mexiko, 5.000 zur italienischen Marine und 1.000 in die Türkei. Offiziere in Deutschland und in ganz Europa beschafften sich die C96 privat, was damals üblich war. Die C96 avancierte zu einem Statussymbol im Offizierskorps. Auch Winston Churchill führte als Leutnant — in Südafrika eingesetzt — eine C96, obwohl sie im Englischen spöttisch „Broomhandle Pistol" (Besenstielpistole) genannt wurde. Die Schutztruppe in Deutsch-Südwestafrika hatte sie in der Ausrüstung, und das deutsche Expeditionskorps führte sie bei der Niederschlagung des Boxeraufstandes in China.

Mit Beginn des Ersten Weltkrieges wurde die C96 von den deutschen Heeresstellen als kriegstauglich eingestuft. So wurden Pistolen im Kaliber 7,63 mm und 9 mm Para mit Anschlagkolben für das deutsche Heer bestellt. Besonders die Sturmtruppen wurden damit ausgerüstet. Um eine Verwechslung der Patronen in den unterschiedlichen Kalibern zu vermeiden, wurden die Griffschalen der 9 mm Para-Modelle mit einer großen roten „9" gekennzeichnet. Nach dem verlorenen Ersten Weltkrieg kamen die C96 in teilweise gekürzter Ausführung — aufgrund des Versailler Vertrags (Lauflänge unter 100 mm) — als Ersatzwaffen in die Ausrüstung der Polizei, da die zur Standardwaffe ernannte Luger P08 nicht ausreichend vorhanden war. Mauser produzierte Anfang der 1920er Jahre das Modell 20 / 16/20 (Kal. 7,63; 9 mm Para). Das Modell 20 mit 98 mm Lauflänge basiert auf dem Modell 1905 und entsprach den Vorgaben des Versailler Vertrags. Dieses Modell der C96 gelangte durch den Rapallo-Vertrag in das neue Russland (UdSSR). Bis 1930 lieferten die Mauser-Werke 400.000 Mauserpistolen im Kaliber 7,63 mm. Heute werden sie von Sammlern und Händlern als „Bolo" bezeichnet — angeblich eine Abkürzung für „Bolschewiki".

Anfang der 1930er Jahre brachte Mauser das Modell 30 mit eingeschraubtem Lauf und Universalsicherung auf den Markt und mit dem Modell 32 (auch „712" genannt) die erste C96 mit Einsteckmagazin und für Reihenfeuer eingerichtet. Das war das letzte C96-Modell. Diese Schnellfeuerpistole kam Mitte der 1930er Jahre zur Waffen-SS und zu einer neu aufgestellten Polizeidivision, die für den Fronteinsatz vorgesehen war. Schnellfeuerpistolen lieferten die Mauser-Werke u. a. nach Afrika, Asien, Lateinamerika und in die USA. Die meisten der 95.000 produzierten Pistolen erhielt China, das sie später in Eigenregie produzierte.

In Deutschland kam es 1939 auf Regierungsanweisung zum Fertigungsstopp der Mauserpistole. Die Firma Mauser hatte bis dahin, je nach Quelle, circa 1.050.000 Pistolen der C96-Varianten gefertigt und weltweit verkauft.

In der Folge begann die Vorbereitung der P.38-Produktion in den Mauserwerken, die circa 1940 anlief. Des Weiteren war auch das Ende der „08"-Fertigung besiegelt — offiziell aber erst 1942.

Pistolentaschen

Brünner CZ 27

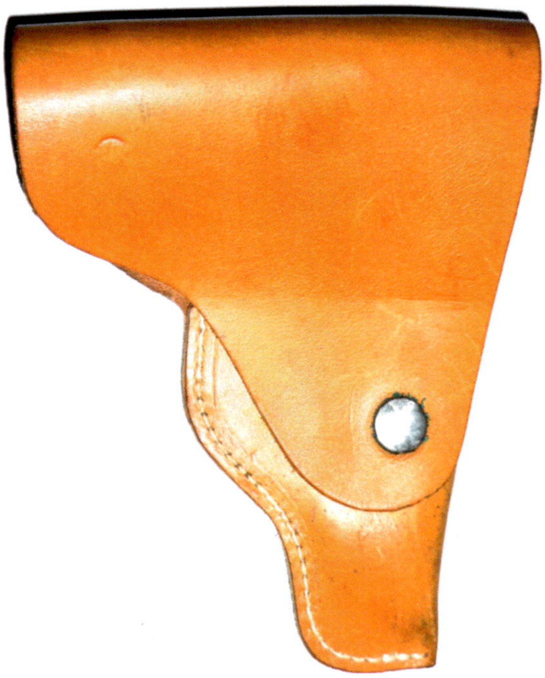

Walther P.38

Walther PP

Walther M 7/8

Sauer M 13

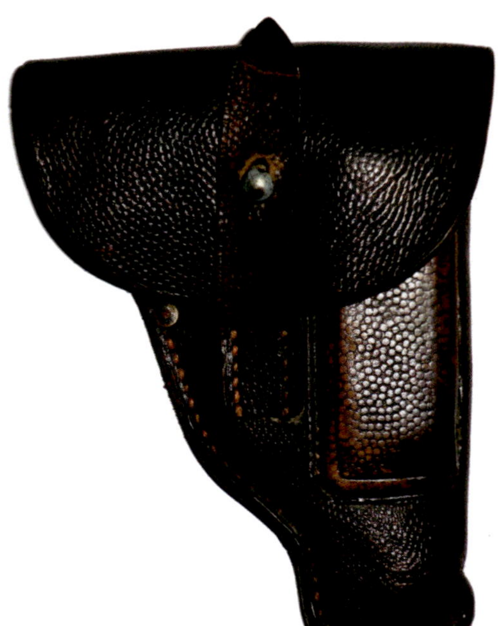

Brünner CZ 07

MAB MD/C

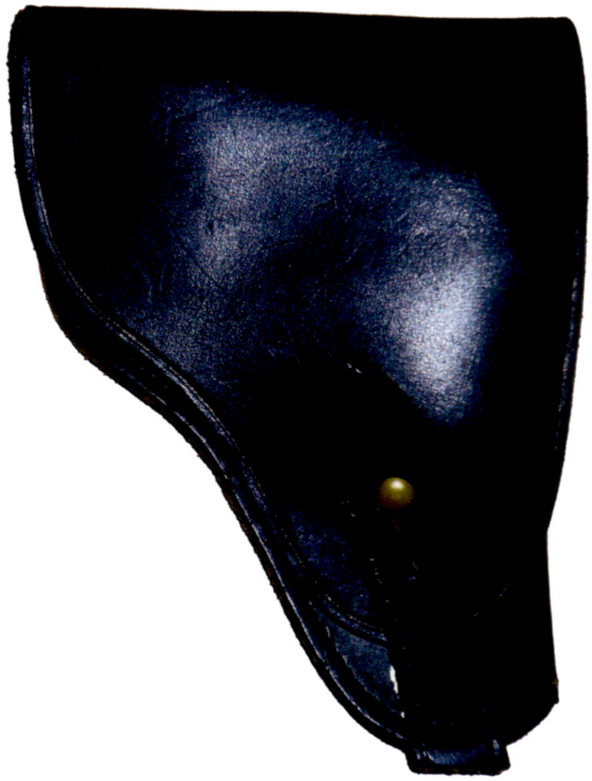

Ruby

Mauser M90

Sauer M 14

FN M 1910/22

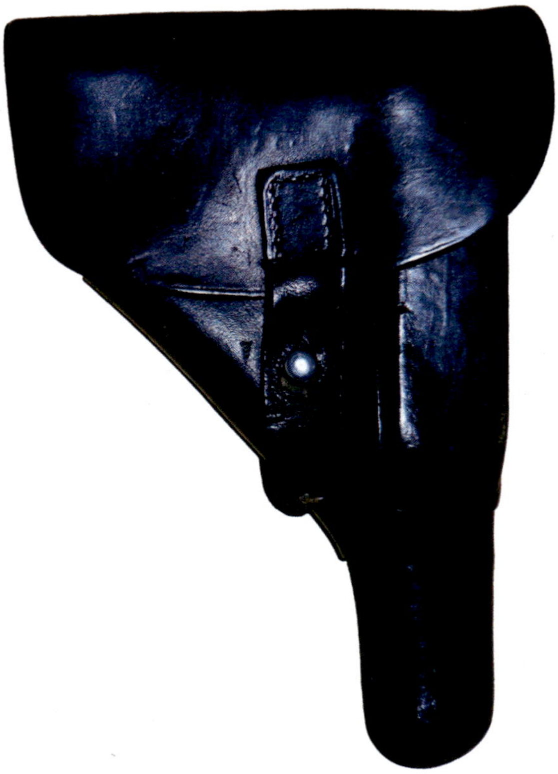

Husqvarna M1907

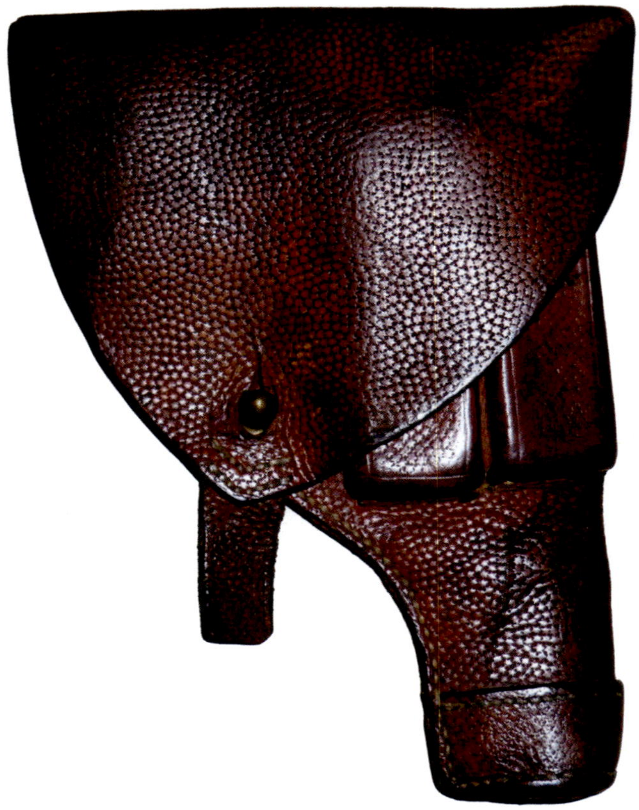

FN M1900

FN M1910

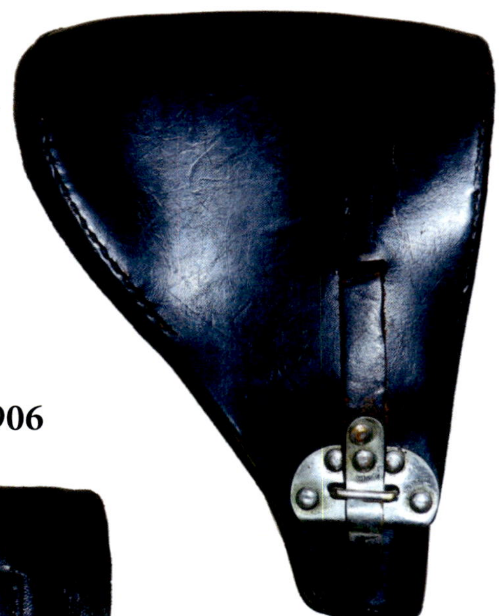

FN M1906

VIS Radom

STAR B

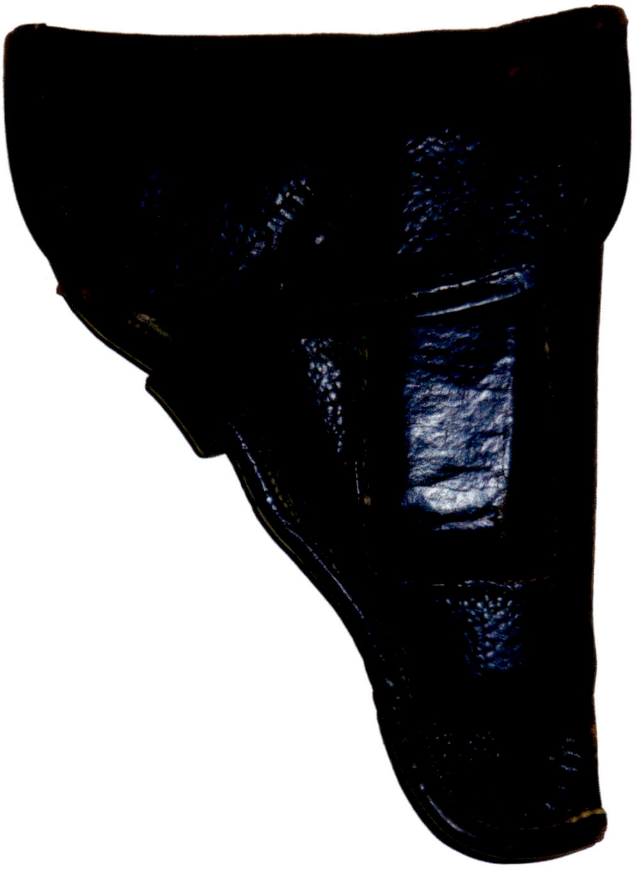

MAB M.C

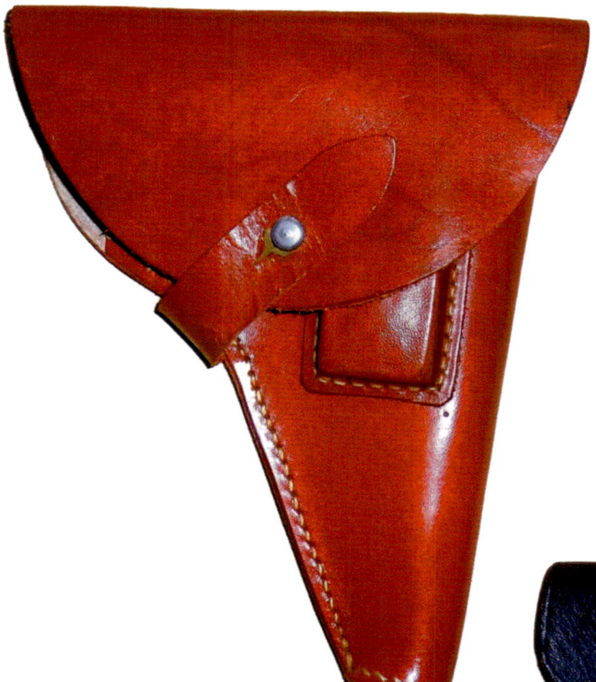

Menta

Walther M9

Mauser C96

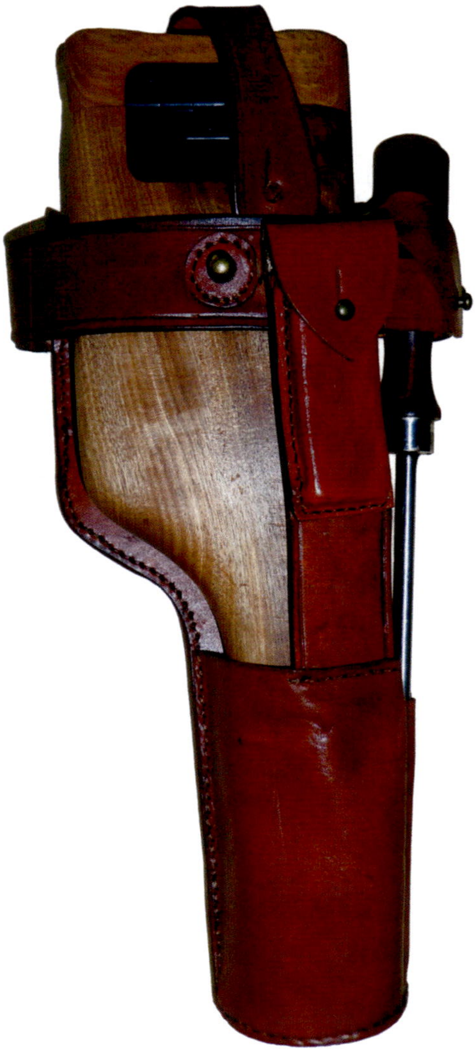

Mauser C96

Mauser HSc

Sauer M30

Mauser WT1

Mauser M 34/4

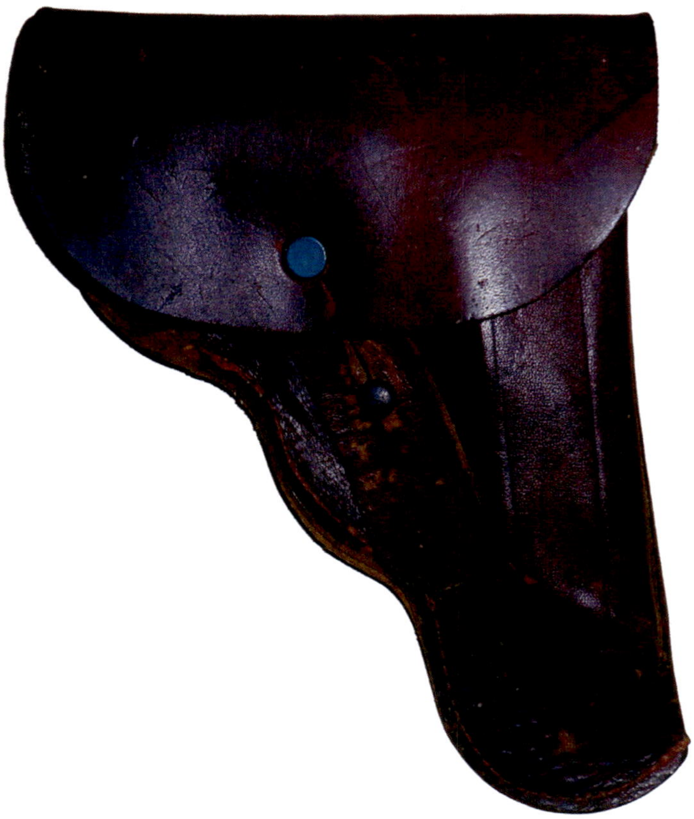

Sauer M 38

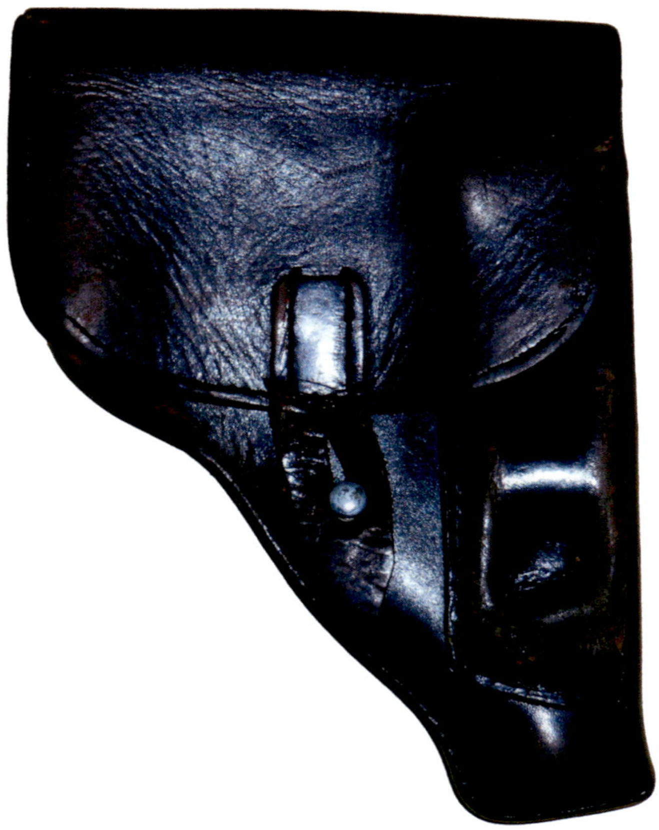

Nagant

Beretta M34

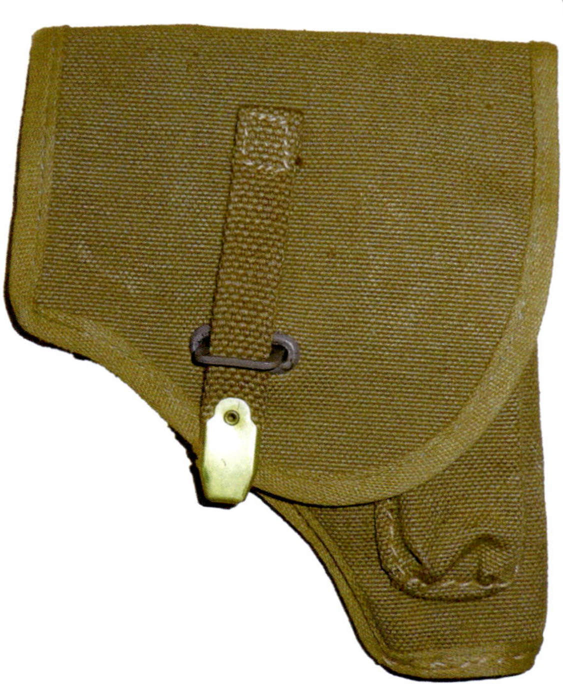

Ortgies

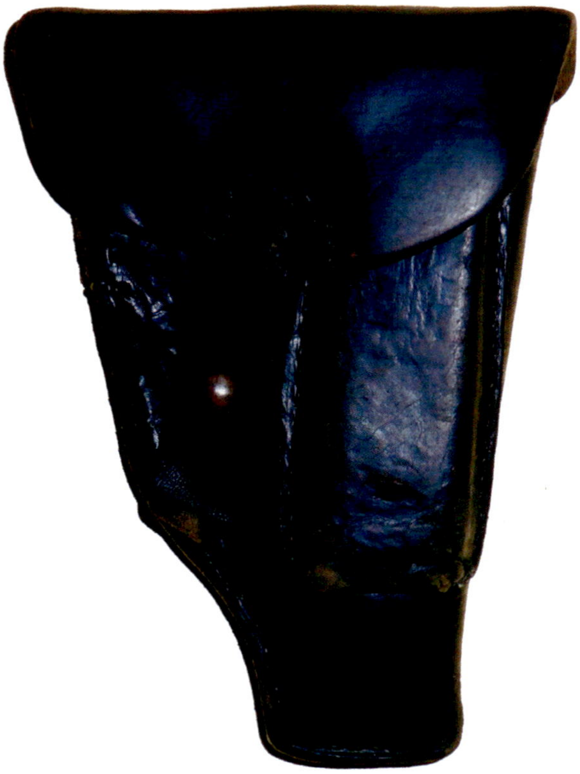

Brünner CZ24

Walther PP

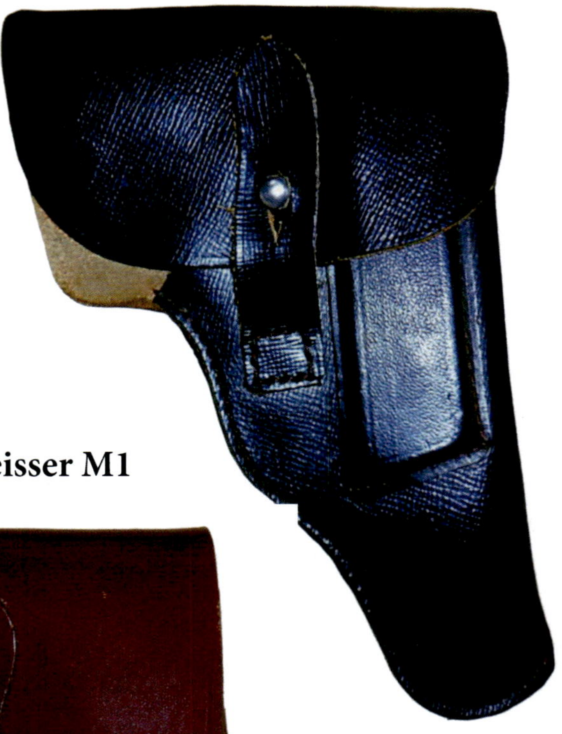

Beretta M35/34

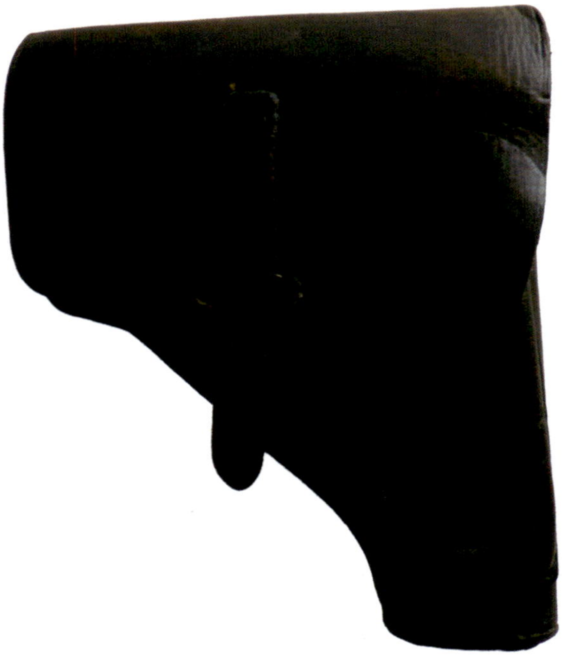

Schmeisser M1

Parabellum 08

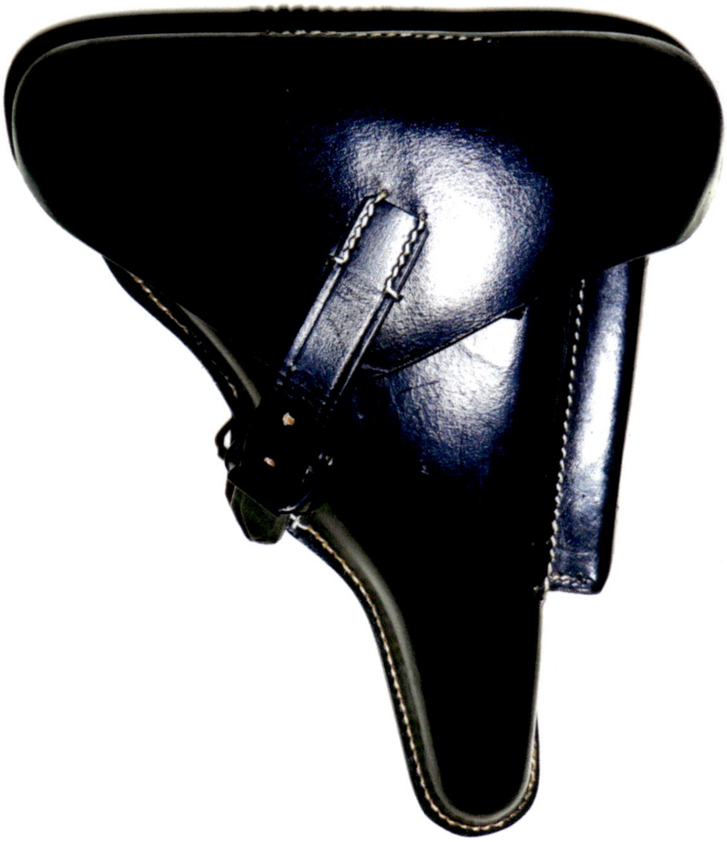

Tokarew TT 33

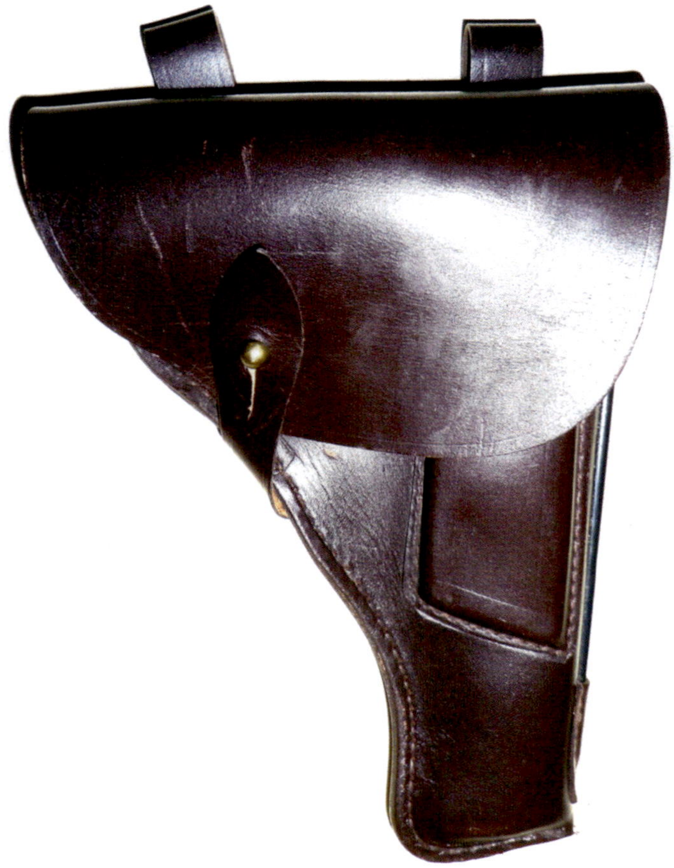

Beretta M34/35

Walther PPK

PPK Taschenfutteral
oder Rucksackfutteral

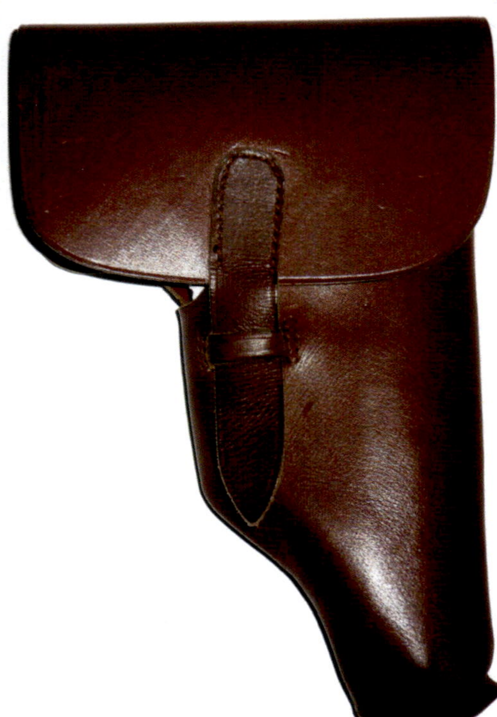

Schnitt-Modell Walther P38 und geschichtliche Abhandlung

Kleinteile – Beschreibung für Seite nebenstehend:

a Lauf
a1 Korn
a2 Riegelblock
a3 Bolzen für Riegel

b Verschlußstück
b1 Visier (Kimme)
b2 Sicherungsflügel
b3 Hahn (Schlagstück)
b4 Schlagbolzen
b5 Deckel
b6 Signalstift

c Griffstück
c1 Hahn
c2 Magazinhalter
c3 Schließfeder
c4 Abzugsfeder
c5 Laufhalteriegel
c6 Griffschalen
c7 Abzug
c8 Spannstück
c9 Schlagstange
mit Feder

d1 Magazin
d2 Magazinboden
d3 Federhalter
d4 Zubringer
d5 Magazinfeder

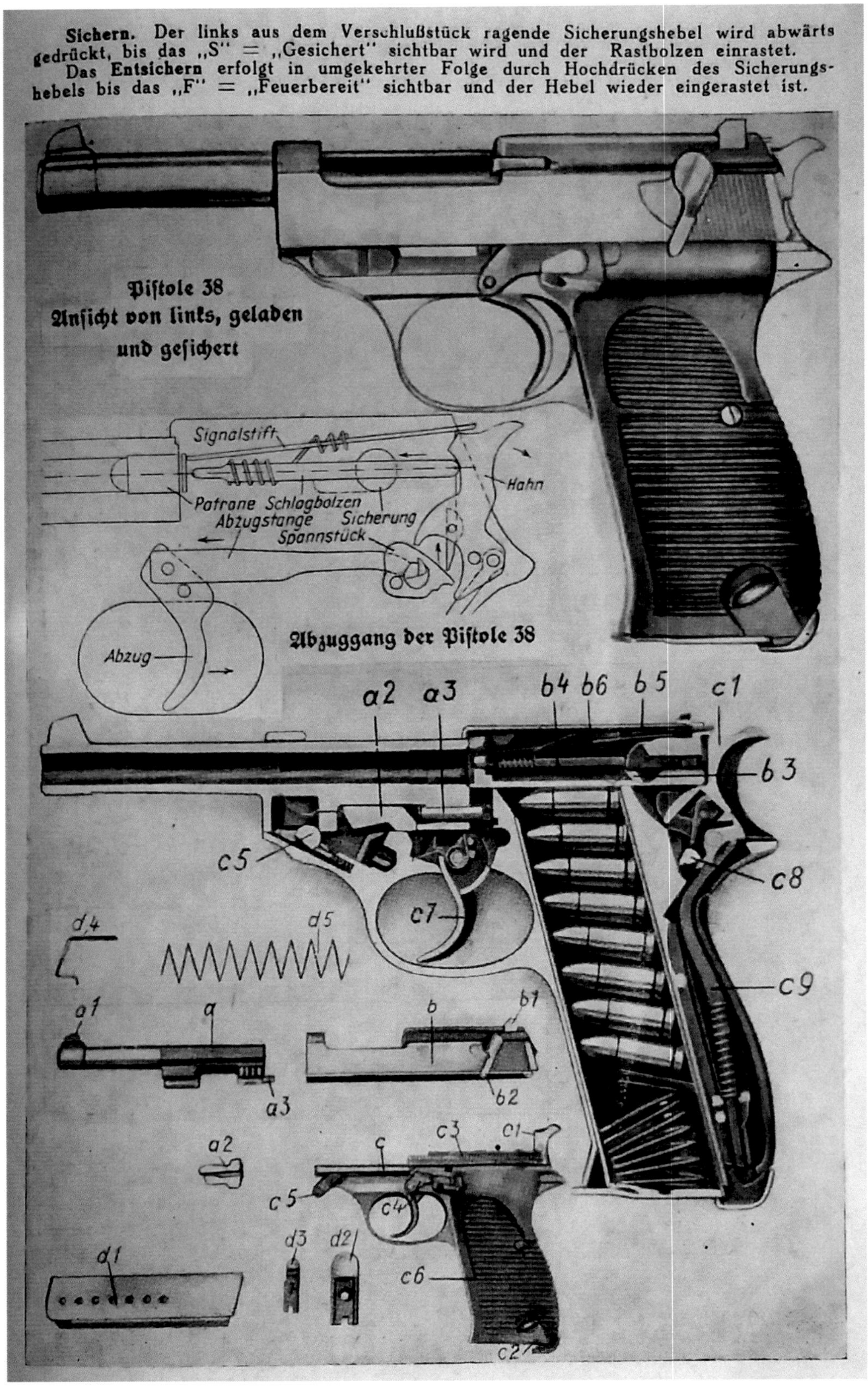

Schnittmodell Pistole 38
„Waffen- und Schießtechnischer Leitfaden für die Ordnungspolizei"
Autor Karl Fischer – Verlag R. Eisenschmidt, Berlin, 1944, *Seite 335*

Pistole 38

Walther Modell HP (Heerespistole), Mod. P38 und P.38.
Drei Bezeichnungen für konstruktionstechnisch eine Pistole, die letzt endlich unter der Bezeichnung P.38 die neue Dienstpistole im deutschen Reich werden sollte. Die HP und das Mod. P38 waren für den zivilen Markt gedacht. Es gab sie im Kaliber 9 mm und 7,65 mm Parabellum, sowie im Kaliber 22 l.r.. 1937/38, serienreif, stellten sie das Produkt der

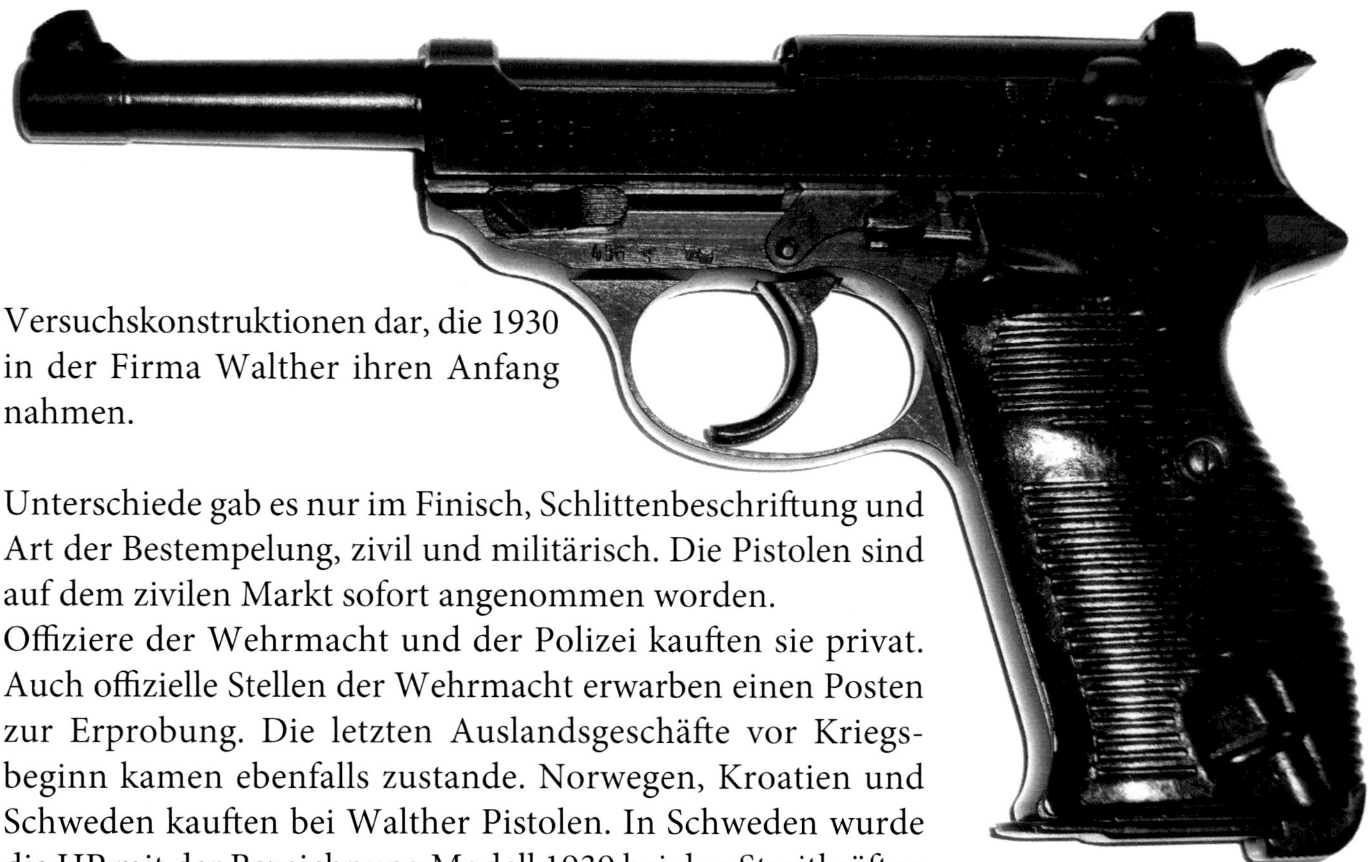

Versuchskonstruktionen dar, die 1930 in der Firma Walther ihren Anfang nahmen.

Unterschiede gab es nur im Finisch, Schlittenbeschriftung und Art der Bestempelung, zivil und militärisch. Die Pistolen sind auf dem zivilen Markt sofort angenommen worden.
Offiziere der Wehrmacht und der Polizei kauften sie privat. Auch offizielle Stellen der Wehrmacht erwarben einen Posten zur Erprobung. Die letzten Auslandsgeschäfte vor Kriegsbeginn kamen ebenfalls zustande. Norwegen, Kroatien und Schweden kauften bei Walther Pistolen. In Schweden wurde die HP mit der Bezeichnung Modell 1939 bei den Streitkräften als Dienstpistole übernommen, eher wie in Deutschland selber.
Doch zurück zur Geschichte, am Anfang stand die Konstruktion einer neuen Pistole im Kaliber 9 mm Parabellum, welche die Luger „08“ als Standardpistole ablösen sollte. Die Luger war zur Zeit ihrer Konstruktion und Einführung 1908 das Non plus Ultra in der Pistolenentwicklung. Sie war hervorragend verarbeitet, zuverlässig funktionierend, mit der auf sie abgestimmten Munition. Das machte die Herstellung aufwendig und teuer. Die zuständigen Heeresbehörden wollten daher eine billigere, einfache und schneller herzustellende Waffe. Zu den geforderten Kriterien gehörten weiterhin eine einfache und sichere Bedienbarkeit, analog der neuen Walther Polizeipistolen, sowie eine weitgehende Unempfindlichkeit auf unterschiedliche Munitionslaborierungen verschiedener Hersteller. Zu guter Letzt forderte man, die Magazinhalterung am unteren Ende des Griffstücks anzuordnen.
Im Ersten Weltkrieg war es vermehrt zu Magazinverlusten in der Truppe gekommen. Der Magazinhalter befand sich bei der 08 ja bekanntermaßen als Halteknopf in Höhe des Abzugsbügels.

Soweit zu den Grundforderungen der Militärbehörden. Außer der Firma Walther beteiligten sich natürlich auch weitere Firmen wie Mauser, Sauer & Sohn und die Berlin-Suhler Waffen- und Fahrzeugwerke (BSW) an der Ausschreibung. In der Fachliteratur gibt es unterschiedliche Darstellungen zu den Entwicklungsarbeiten bei Walther. Letztlich haben sich aber 5 Versuchsmodelle heraus kristallisiert. Firmenintern sind diese Versuchskonstruktionen als Modell M.P. (Militärpistole) betitelt.

Angefangen mit dem Modell 1 1930/31 eigentlich eine vergrößerte PP in 9 mm Luger mit Masseverschluß und somit schon chancenlos. Gefolgt vom Mod. 2 1931/32 mit halbstarren Verschluß, dann Mod. 3 1932/33 mit starrer Verriegelung und einem seitlichen Schwenkriegel. Das Mod. 4 1934/35 hatte schon alle Konstruktionsmerkmale der P.38 mit mittig angeordneten Regelblock, Spannabzugsschloß, allerdings noch einen innen liegenden Hahn. Nun folgte Mod. 5 1936/37. Es besaß alle geforderten Konstruktionsmerkmale der Heeresbehörden. Es war das letzte Versuchsmodell und hatte letztlich Serienreife.

Die Bezeichnung war H.P. für Heerespistole, sowie Mod. 38 für Wachschutz und Sportschützen gedacht. Parallel zum Mod. M.P. 5 lief 1936/37 noch eine Kleinstserie als Versuch mit der Bezeichnung „Armeepistole". Es war eigentlich das Mod. 4 von 1935 mit innen liegendem Hahn.

Walther wollte alles unternommen haben, um den Heeresauftrag zu erhalten. Eine Pistole mit verdeckten Hahn war ja für bestimmte Militär- und Polizeiaufgaben von Vorteil. Nach letzten Probeversuchen hatten sich die Walther-Konstruktionen gegenüber der Konkurrenz endgültig durchgesetzt. Anfang 1938 sind die Walther-Modelle, die ja schon für den zivilen Markt produziert und so durch private Käufe von Offizieren im Heer die Runde machten, von den zuständigen Heeresbehörden abschließend ausführlich getestet und begutachtet wurden. Das Ergebnis war letztendlich die Übernahme in die Bewaffnung mit der Bezeichnung P. 38, P. für Pistole und 38 für das Einführungsjahr als Dienstpistole. Offiziell allerdings dann erst am 26.04.1940, als Ersatz für die altgediente „08". Der Austausch gelang aber nur teilweise. Die Produktion der P.38 hinkte dem Truppenbedarf ständig hinterher. Mittlerweile war Krieg und die Probleme noch größer. In vielen Einheiten und bei der Polizei sowieso, blieb die Parabellum bis zum Ende des Krieges. Bei Mauser lief die Produktion der Pistole 08 mit kleinen Vereinfachungen, die Mauser schon 1934 einführte, bis 1942 weiter. So gab es zum Beispiel keine aufwendige Streichbrünierung sondern Tauch-brünierung, kein Gold gelb anlassen der Bedienelemente wie Sicherung und Abzug. Kleinteile nicht im aufwendigen Fräsverfahren, sondern aus Stahlguss hergestellt. Dann produzierte Mauser die P.38, wie auch die Berliner-Spreewerke AG.

Bei der P.38 im Standardkaliber 9 mm Luger handelt es sich um einen Rückstoßlader mit kurz zurückgleitenden Lauf, starrer Verriegelung (mechanisch) mittels Schwenkriegel, einem Hahn-Schlagbolzen-Schloß, Sicherung mit Entspannfunktion sowie den Duble-Single-Action-Schloß analog der Walther-Polizei-Pistolen. Die sichere und gute Bedienbarkeit war somit hergestellt. Die Waffe verfügte über einen Verschlußfang und eine Ladeanzeige mittels Signalstift, siehe „PP". Das Wechselmagazin faßt 8 Patronen. Der Magazinhalter befand sich am Griffstück unten. Die Pistole war eine Ganzstahlwaffe. Vereinzelt wurden auch Griffstücke aus Leichtmetalllegierungen hergestellt. Die P.38 war die erste Armeepistole mit Spannabzug (DA/SA) Funktion. Wieder ein wegweisendes Zeugnis deutscher Konstrukteure, wie schon bei der Luger 08 und der Mauser C96, die ja die Ära der Selbstladepistolen einleitete.

Die P.38 erreichte zwar nicht die Schußpräzision der „08“, überzeugte aber durch sehr gute Funktion und hohe Sicherheit. Bis Kriegsende 1945 sind, je nach Quelle, etwa 1,2 Mio. P.38 hergestellt wurden.
Nach dem Krieg in Ost und West bei Armee und Polizei weiter verwendet. Eine Neuproduktion, außer Kleinserien in der SBZ (DDR) und der CSSR, gab es nicht. Es sind meist Waffenteile aus Kriegsproduktion, die ja in den von der Roten Armee besetzten Fabriken in Böhmen (Brünn) und Thüringen (Zella-Mehlis), das zwar von der US-Armee befreit, aber auf Grund des Vier-Mächte-Abkommens zur SBZ gehörte, reichlich eingelagert und zu Pistolen zusammen gebaut wurden.
Die Amerikaner fertigten nur einige P.38, um sie als Souvenirs für US-Soldaten, sogenannte „GI-Assemblis“ auszugeben. In der Firma Manurhin in Frankreich passierte das Gleiche. Erst mit der Neugründung der Walther-Werke in Ulm an der Donau kam es nach der Gründung der BRD zu einer Neuproduktion. Etwa 1957 erlebte die P.38 eine Auferstehung in überarbeiteter Form mit standardmäßigen Griffstück aus Leichtmetall (Dural) gefertigt . Die neue Bezeichnung war Walther P.1. Sie wurde zur Standardwaffe der Bundeswehr. Bis Produktionsende 1997 exportierte man sie weltweit. Auch heute ist sie in vielen Ländern bei Armee und Polizei in der Ausrüstung zu finden. Die Walther P.1 ist auch heute noch eine moderne Pistole.

Pistole 38 für die Polizei des deutschen Reiches

Während die Walther Werke und die Berliner Spreewerke AG mit Grottau Pistolen ausschließlich für die Wehrmacht und Verbündete produzierte, stellten die Mauser Werke in Oberndorf auf Regierungsanweisung auch etwa 6900 P.38 für die deutsche Polizei her. Die Pistolen wurden an Polizeieinheiten ausgegeben, die schon Pistolen im Kal. 9 mm Parabellum verwendeten. Meist Beutewaffen wie z.B. die polnische Radom, die belgische HP.35 und natürlich die deutsche Luger 08. Hiermit waren die Waffenträger, wie von der Oberen Polizeibehörde gefordert, sachkundig im Umgang mit diesen Waffen.
So kam die Pistole 38 wahrscheinlich zum großen Teil zu den Polizeibataillonen, die sich im Fronteinsatz befanden.

Letztes Pistolentaschenmodell für die P.38 vor 1945 und erstes Modell nach 1945 für die Standardpistole Walther P.1 der Bundeswehr.

Mauser C96

Anschlagkasten und Futteral in einer Funktion

Fabrique Nationale Herstal
Pistolen-Aufbewahrungskartons

Husqvarna Modell 1907/Browning 1903

8036
2518

Husqvarna Modell 1907 Pat. Liz. FN M1903 Kaliber 9mm Browning Long/380 ATP 9x20

Die Pistole ist eine Lizenzfertigung des FN-Modells 1903 (Kal. 9 mm long, Brownings Patent) der schwedischen Firma Husqvarna. Die Browning 1903 markierte den Beginn einer neuen Zeit im Selbstladepistolenbau. Sie hatte einen feststehenden Lauf, einen Feder-Masse-Verschluss, eine Schließfeder unterhalb des Laufes sowie einen Hahn-Schlagbolzenverschluss; der Hahn war im Schlitten verdeckt. Die Pistole besaß ein einreihiges Wechselmagazin für 7 Patronen, im Griffstück untergebracht. Eine Schwenkriegel-Sicherung befand sich links hinten; sie sicherte und hielt den Schlitten fest. Des Weiteren war eine Handballensicherung im Griffstück vorhanden. Ein Verschlussfanghebel an der rechten Seite hielt den Verschluss nach dem letzten Schuss in hinterster Stellung.

John M. Browning konstruierte extra für diese Pistole eine Patrone mit rauchschwachem Nitrocellulosepulver, das zuvor (etwa 1884/85) in Frankreich entwickelt worden war. Die Leistung der Patrone war so auf die Masse des Verschlusses abgestimmt, dass sich der Verschluss erst nach dem Verlassen des Geschosses aus dem Lauf nach hinten bewegte. Die Waffe war schlank, leicht sowie bequem zu führen; sie funktionierte zuverlässig und störungsfrei und war für die damalige Zeit ausgezeichnet.

Browning wollte mit dieser Pistole das Militär weltweit dazu bewegen, vom Revolver auf seine neue Selbstladepistole umzusteigen. Mit seiner ersten Selbstladepistole, dem Modell 1900 im Kaliber 7,65 mm — der ersten Taschenpistole der Welt — hatte er bereits die Polizeien Europas begeistert; diese führten sie teilweise ein, unter anderem auch in Deutschland. Der erste Kunde war der russische Zar; ferner das Osmanische Reich (Türkei) sowie Serbien und Kroatien. Auch die schwedische Regierung erwarb einen Posten, um die Pistole einer Militärkommission vorzuführen; das Urteil reichte von „sehr gut“ bis „begeistert“.

Man bemühte sich um einen Lizenzbau in Schweden. Da Belgien 1914 durch das Deutsche Kaiserreich besetzt wurde, untersagten die Besatzer dort die Herstellung von Waffen. Daher bewilligte die belgische Firma FN den Lizenzantrag der schwedischen Firma Husqvarna. Diese kaufte Maschinen und Werkzeuge zur Herstellung und verhandelte Lizenzverträge, sodass die Produktion Ende 1916 bis Anfang 1917 beginnen konnte. Nach der Fertigung der ersten Pistolen monierte FN die Kennzeichnung „Browning Patent“ auf den Waffen; die schwedische Firma änderte daraufhin die Beschriftung einvernehmlich auf „Husqvarna Vapen Fabriks Aktiebolag“.

Nachdem der Eigenbedarf der schwedischen Polizei und Armee mit etwa 80.000 Waffen gedeckt war, begann man 1932 mit Exporten in die neu gegründete Sowjetunion, in das Königreich Jugoslawien und nach Griechenland sowie Übersee. Die Produktion der Pistole endete 1941. Anschließend versuchte man, eine neue Pistole im Kaliber 9 mm Parabellum für die Armee zu beschaffen und schloss einen Vertrag mit der Firma Walther in Zella-Mehlis (Deutschland) ab. Nachdem etwa 2.000 P.38 geliefert und unter der Bezeichnung P.39 ausgegeben worden waren, kündigte Walther den Vertrag — es war 1939. Das Deutsche Reich begann den Zweiten Weltkrieg.

Dokumente und Quellennachweise zur Sammlung

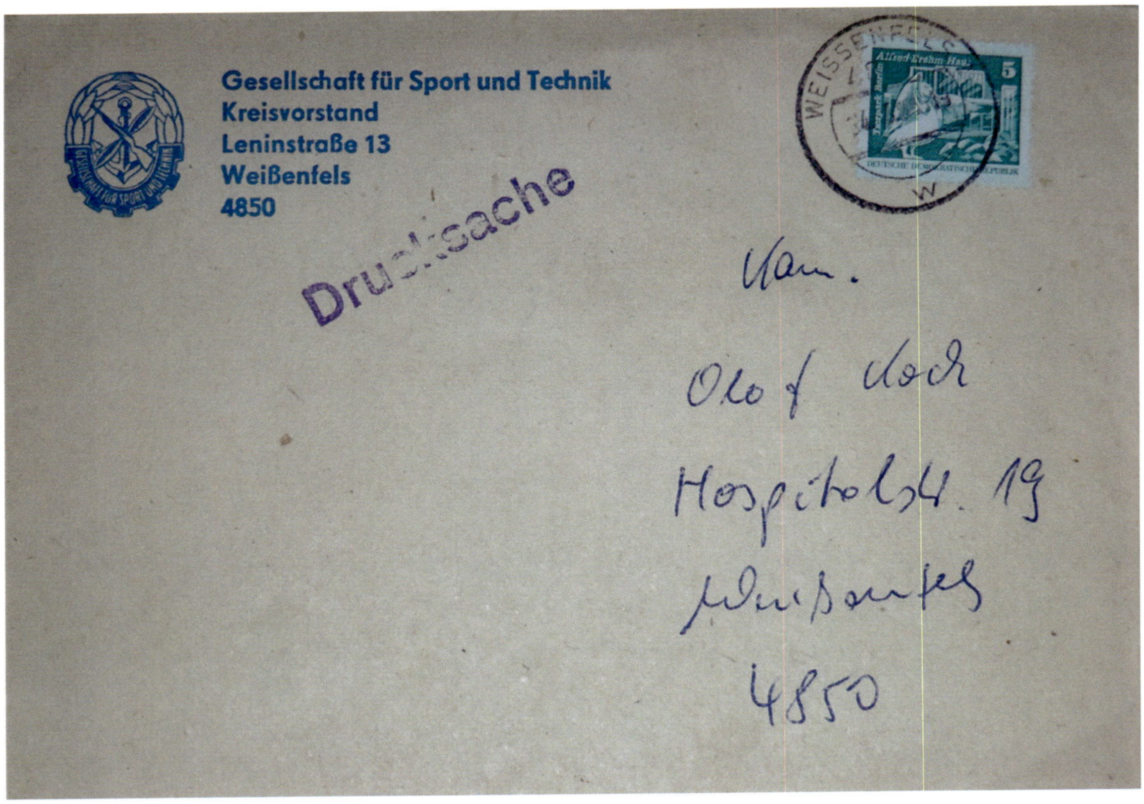

Leiter des Schießens

Der Waffenschein / in Verbindung mit der Waffenkarte / berechtigt zur / Führung einer Schußwaffe / Wahrnahme der nachfolgend festgelegten Aufgaben

Auflagen / Vermerke / Aufgaben:

Unterschrift des Inhabers

Ausgestellt am

in

Gültig bis

DS

Unterschrift

DEUTSCHE DEMOKRATISCHE REPUBLIK

Waffenschein

Nr.

E 59 c

Name, Geburtsname

Vornamen

Wohnsitz lt. Personaldokument

Personenkennzahl

Verlängert bis

DS

Unterschrift

Verlängert bis

DS

Unterschrift

GST/Waffenschein in der DDR nach 1987
Grafik nach dem Original: Harald Rockstuhl

GESELLSCHAFT FÜR SPORT UND TECHNIK

KREISVORSTAND WEISSENFELS

Postanschrift: GST-Kreisvorstand, Leninstraße 13, Weißenfels, 4850

Kam. Koch

Ihr Zeichen	Ihre Nachricht	Unser Zeichen	Tag
			24.5.89

Am Dienstag den 30.5.89 in der Zeit von 900 Uhr - 17.00 Uhr mußt Du Deinen Waffenschein vom VPKA Weißenfels, Abt. Erlaubniswesen abholen.

Haucke
Stellv. Ausbildung

Fernruf [illegible]

Bankkonto: Staatsbank der DDR
Kreisfiliale Weißenfels [illegible]

PvG 261-89 — IV-26-7

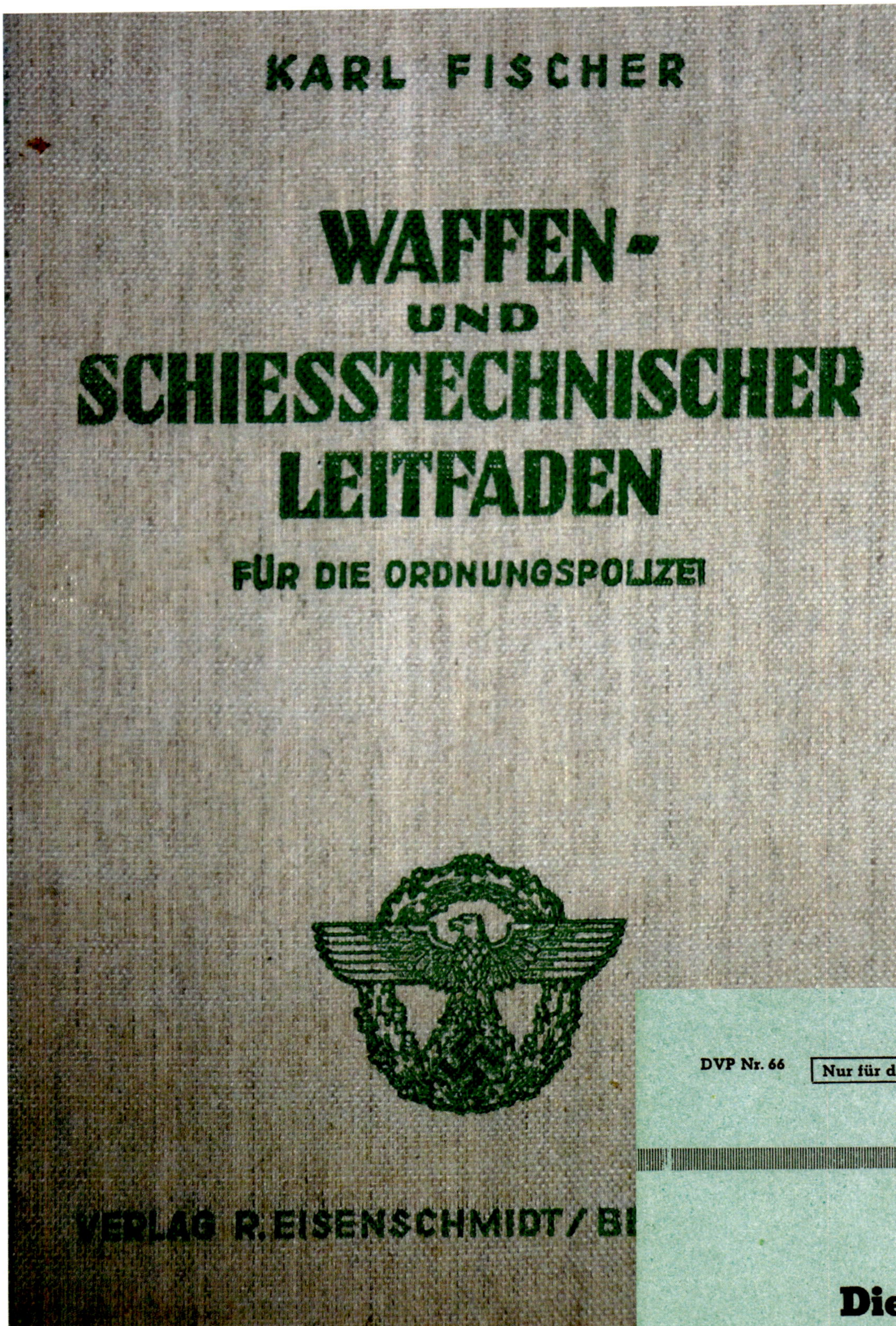
KARL FISCHER
WAFFEN- UND SCHIESSTECHNISCHER LEITFADEN
FÜR DIE ORDNUNGSPOLIZEI
VERLAG R. EISENSCHMIDT / B

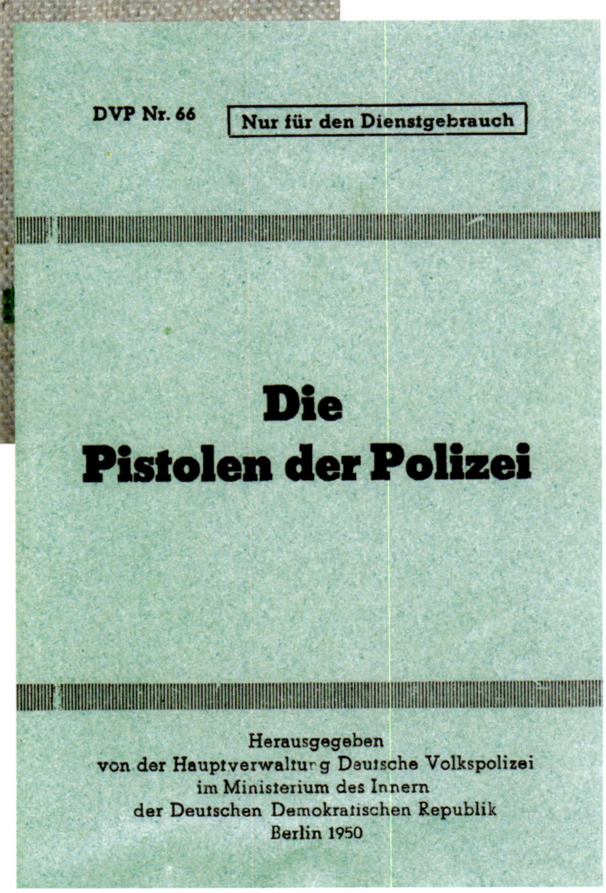
DVP Nr. 66
Nur für den Dienstgebrauch
Die Pistolen der Polizei
Herausgegeben
von der Hauptverwaltung Deutsche Volkspolizei
im Ministerium des Innern
der Deutschen Demokratischen Republik
Berlin 1950

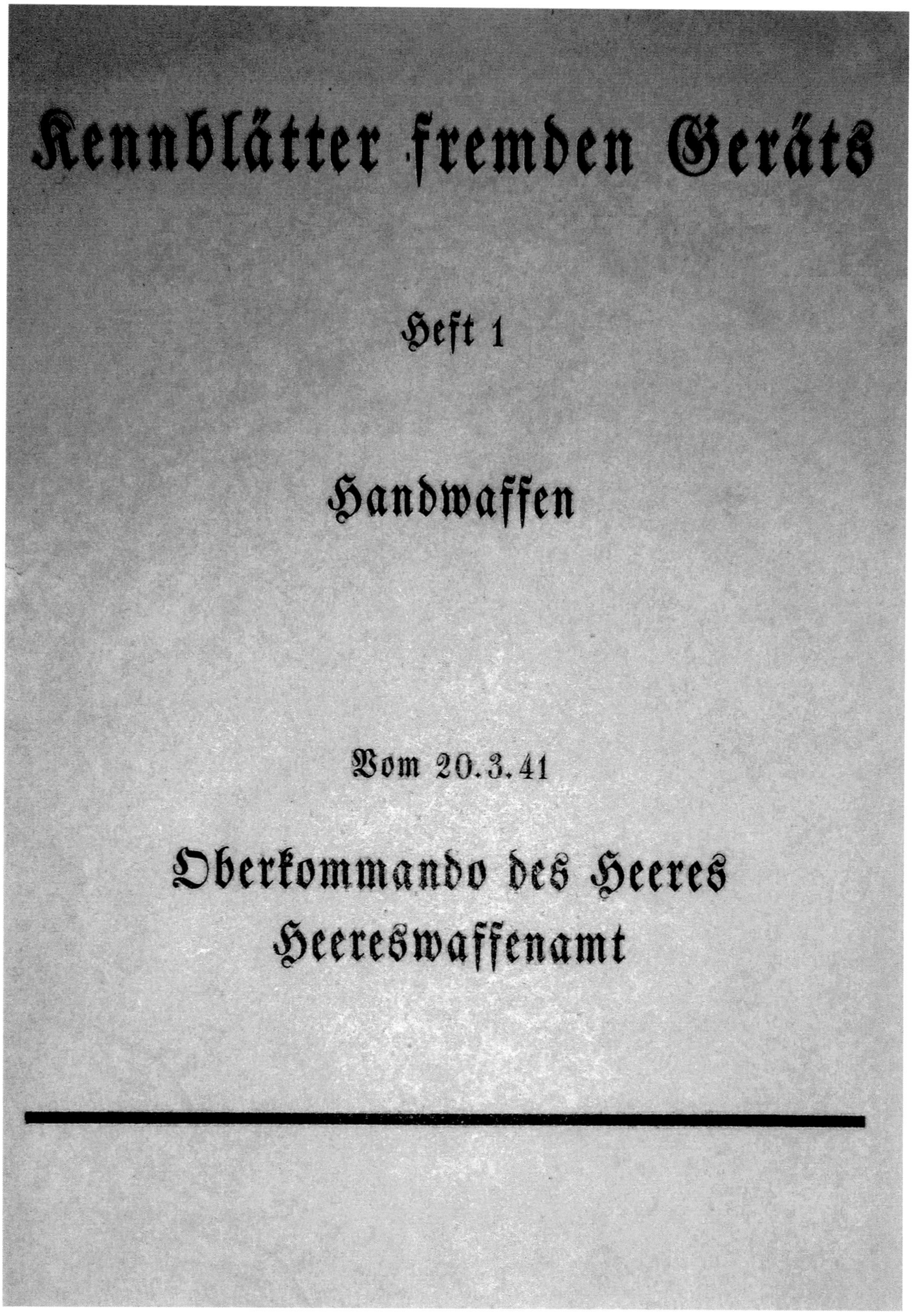

Kennblätter fremden Geräts

Heft 1

Handwaffen

Vom 20.3.41

Oberkommando des Heeres
Heereswaffenamt

Originalnachdruck Klemens Künneke Hannover.

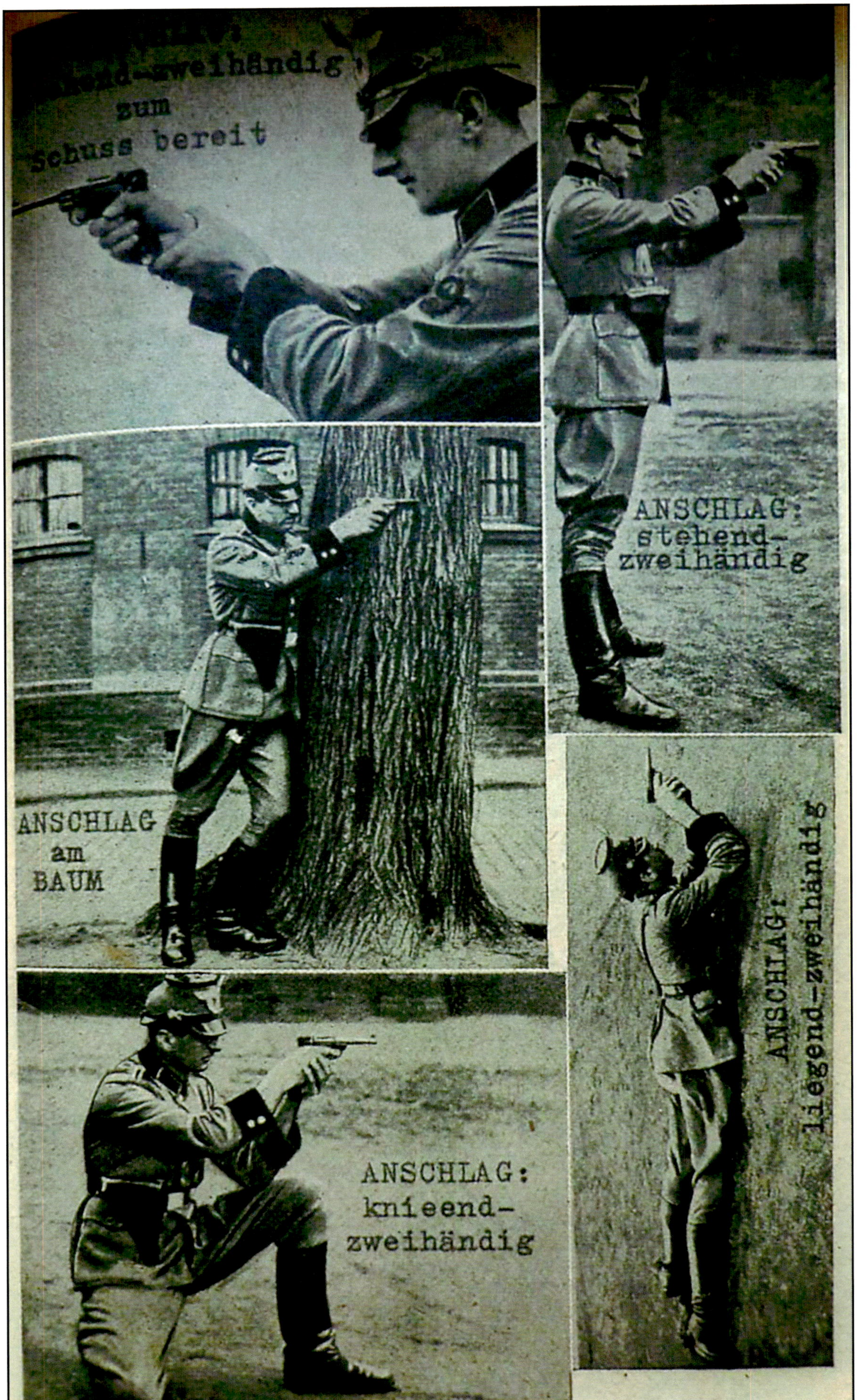
zum
Schuss bereit
ANSCHLAG:
stehend-
zweihändig
ANSCHLAG
am
BAUM
ANSCHLAG:
liegend-zweihändig
ANSCHLAG:
knieend-
zweihändig

Plakat: Foto Schutzpolizei Panzerwagen. Dienst-Anzug
Sammlung Privat

Plakate 1941: Polizei im Fronteinsatz.
Sammlung Privat

r. 374 XII. Jahrgang Berlin, 15. Februar 1944
Ausgabe: Ordnungspolizei
Die
Polizei

Verpflegung, Bekleidung, Ausrüstung, Unterkunft, Ausbildung.

Pistolen 6,35 mm der Gemeindepol.

RdErl. d. RFSSuChdDtPol. im RMdJ. v. 30. 8. 1937 — O-Kdo T (3) 306 Nr. 18/37.

(1) Der RFM. hat sich bereit erklärt, eine beschränkte Anzahl brauchbarer Pistolen 6,35 mm (System Walther, Mauser und Dreyse) zum Schätzungswert zu übernehmen. Andere Systeme kommen für die Übernahme nicht in Frage.

(2) Insoweit Waffen der vorgenannten Art bei der Gemeindepol. zur Abgabe zur Verfügung stehen, ist mir durch die Reg.-Präs. (Kreishauptmannschaften) die Zahl und Art **zum 15. 10. 1937** zu melden. Frist bei den Reg.-Präs. (Kreishauptmannschaften): **1. 10. 1937.**

An alle Gemeindepol.- u. Gemeindepol.-Aufsichtsbehörden. — Nachrichtlich an die Landesregierungen, den Reichskommissar für das Saarland. — RMBliV. S. 1496 d.

564. Pistolen für Kriegs- und Oberkriegsgerichte.

Die Kriegs- und Oberkriegsgerichte werden mit je 1 Ortgiespistole (7,65) mit Tasche und 16 Schuß Munition zur Bewaffnung des diensthabenden Heeresjustizwachtmeisters ausgestattet.

Pistolen und Munition sind bei der Heeresfeldzeugmeisterei anzufordern.

Der Oberbefehlshaber des Heeres,
26. 11. 35. AHA/In 2 (III).

Pistolen der Gend.

RdErl. d. RFSSuChdDtPol. im RMdJ. v. 21. 6. 1940 — O-Kdo WG (1) 306 Nr. 185/40

(1) Die Offiziere, Inspektoren und Oberm. des Gend.-Einzeldienstes im Altreich werden künftig nur mit der Pistole 7,65 mm, die Dienstgrade vom Meister abwärts mit der Pistole 08 ausgerüstet. Mein Erl. v. 22. 6. 1936 — III S I d Nr. 18/36 W (g) (nicht veröffentl.), Ziff. B. a. (S. 3) ist entsprechend zu berichtigen.

(2) Bei den mot. Gend.-Bereitschaften ist für alle Dienstgrade 1 Pistole 7,65 mm zuständig.

(3) Die derzeitige Bewaffnung der Gend. in der Ostmark bleibt unverändert. Sondererl. hierüber folgt später nach Durchführung der erforderlichen Umänderungen.

(4) Die nach Durchführung der Bewaffnung gem. vorst. Abs. 1 und 2 freiwerdenden Pistolen 08 und 7,65 mm sind einzuziehen und von den höheren Verw.-Behörden gesammelt **bis zum 15. 7. 1940** in einwandfreiem Zustand und guter Verpackung mit Nummerverzeichnis und Trefferbildern, soweit vorhanden, an die Techn. Pol.-Schule (Zeugamt), Berlin SW 29, Golßener Straße, für Bahnsendungen: Güterbahnhof Berlin-Tempelhof, bahnlagernd, einzusenden.

(5) Die außerdem freiwerdende Munition (Übungsmunition und eiserner Bestand) verbleibt bei den zuständigen höheren Verw.-Behörden. Sie rechnet auf den künftigen Munitionsbedarf an. Bei der nächsten Munitionsbedarfsanmeldung sind diese Verfügungsbestände abzusetzen.

(6) Für die Berechnung der nach Abs. 1 und 2 zuständigen Pistolen (08 und 7,65 mm) gilt die derzeitige Sollstärke. Über diesen Bedarf hinaus darf keine Waffe zurückbehalten werden.

(7) Die Zahl der einzuliefernden Pistolen und der als Verfügungsbestand bereitgelegten Munition ist mir **zum 25. 7. 1940** (Frist bei den höheren Verw.-Behörden: **20. 7. 1940**) unter Vorlage einer Nachweisung nach nachstehendem Muster zu melden. Hierbei ist die Zahl der aus den einzelnen Landkreisen eingelieferten Pistolen anzugeben.

(8) Die Ausrüstung der Gend. der eingegliederten

Behördliche Dienstanweisungen.
Aus „Die reglementierten Faustfeuerwaffen der deutschen Streitkräfte und Polizei 1871–1956.“
Autoren: Ralf Manhart, Bernd Königs.
Verlag: GFI- Gesellschaft für Information mbH, Köln 1999.

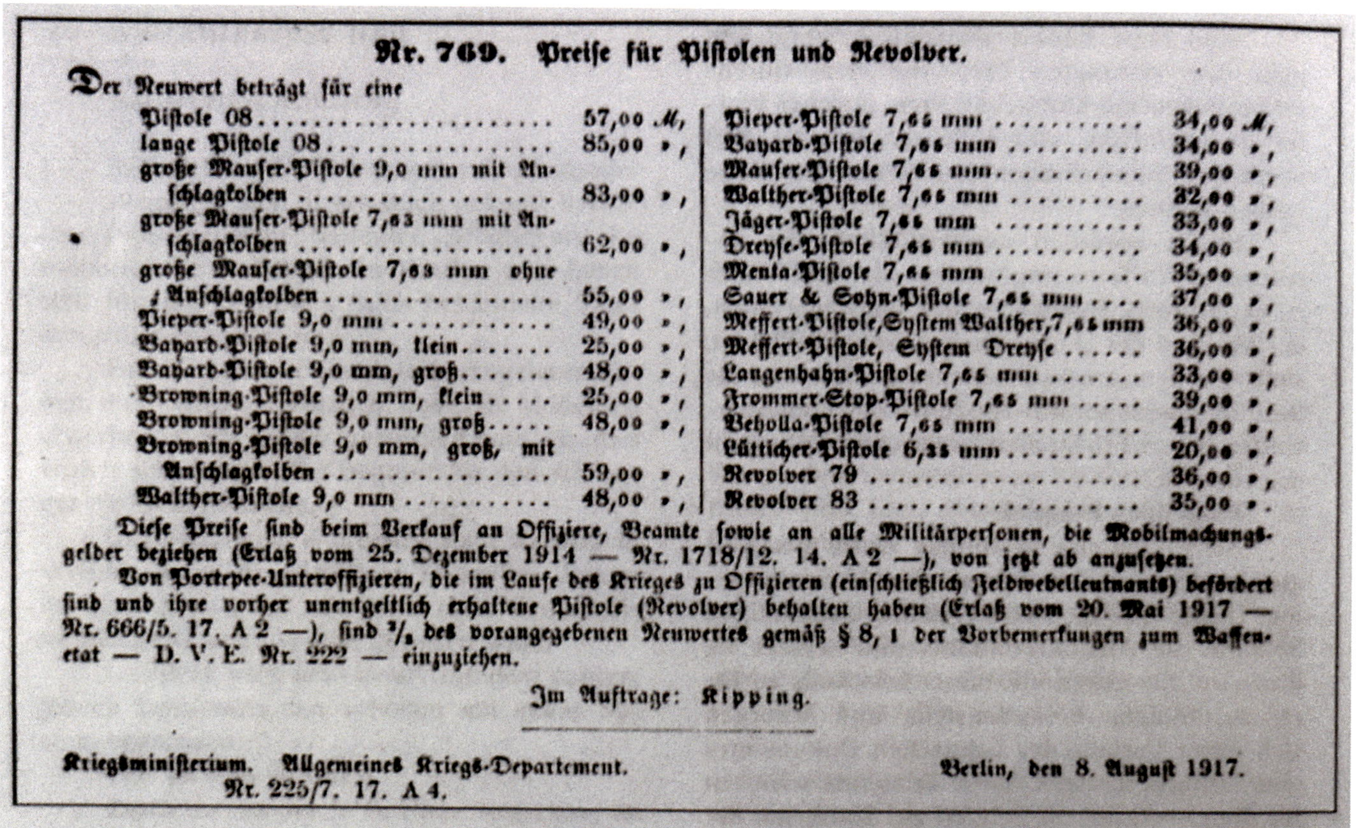

Nr. 769. Preise für Pistolen und Revolver.

Der Neuwert beträgt für eine

Pistole 08	57,00 M,	Pieper-Pistole 7,65 mm	34,00 M,
lange Pistole 08	85,00 „,	Bayard-Pistole 7,65 mm	34,00 „,
große Mauser-Pistole 9,0 mm mit Anschlagkolben	83,00 „,	Mauser-Pistole 7,65 mm	39,00 „,
große Mauser-Pistole 7,63 mm mit Anschlagkolben	62,00 „,	Walther-Pistole 7,65 mm	32,00 „,
große Mauser-Pistole 7,63 mm ohne Anschlagkolben	55,00 „,	Jäger-Pistole 7,65 mm	33,00 „,
Pieper-Pistole 9,0 mm	49,00 „,	Dreyse-Pistole 7,65 mm	34,00 „,
Bayard-Pistole 9,0 mm, klein	25,00 „,	Menta-Pistole 7,65 mm	35,00 „,
Bayard-Pistole 9,0 mm, groß	48,00 „,	Sauer & Sohn-Pistole 7,65 mm	37,00 „,
Browning-Pistole 9,0 mm, klein	25,00 „,	Meffert-Pistole, System Walther, 7,65 mm	36,00 „,
Browning-Pistole 9,0 mm, groß	48,00 „,	Meffert-Pistole, System Dreyse	36,00 „,
Browning-Pistole 9,0 mm, groß, mit Anschlagkolben	59,00 „,	Langenhahn-Pistole 7,65 mm	33,00 „,
Walther-Pistole 9,0 mm	48,00 „,	Frommer-Stop-Pistole 7,65 mm	39,00 „,
		Beholla-Pistole 7,65 mm	41,00 „,
		Lütticher-Pistole 6,35 mm	20,00 „,
		Revolver 79	36,00 „,
		Revolver 83	35,00 „.

Diese Preise sind beim Verkauf an Offiziere, Beamte sowie an alle Militärpersonen, die Mobilmachungsgelder beziehen (Erlaß vom 25. Dezember 1914 — Nr. 1718/12. 14. A 2 —), von jetzt ab anzusetzen.

Von Portepee-Unteroffizieren, die im Laufe des Krieges zu Offizieren (einschließlich Feldwebelleutnants) befördert sind und ihre vorher unentgeltlich erhaltene Pistole (Revolver) behalten haben (Erlaß vom 20. Mai 1917 — Nr. 666/5. 17. A 2 —), sind $^{2}/_{3}$ des vorangegebenen Neuwertes gemäß § 8, 1 der Vorbemerkungen zum Waffenetat — D. V. E. Nr. 222 — einzuziehen.

Im Auftrage: Kipping.

Kriegsministerium. Allgemeines Kriegs-Departement. Nr. 225/7. 17. A 4. — Berlin, den 8. August 1917.

Preisliste des Kriegsministeriums aus dem ersten Weltkrieg. Da Offiziere Gehalt erhielten, hatten sie ihre Ausrüstung selbst zu beschaffen. Seitens des Kriegsministeriums wurden wiederholt preisgünstig Faustfeuerwaffen angeboten und die entsprechenden Listen in den Heeresmitteilungen veröffentlicht.

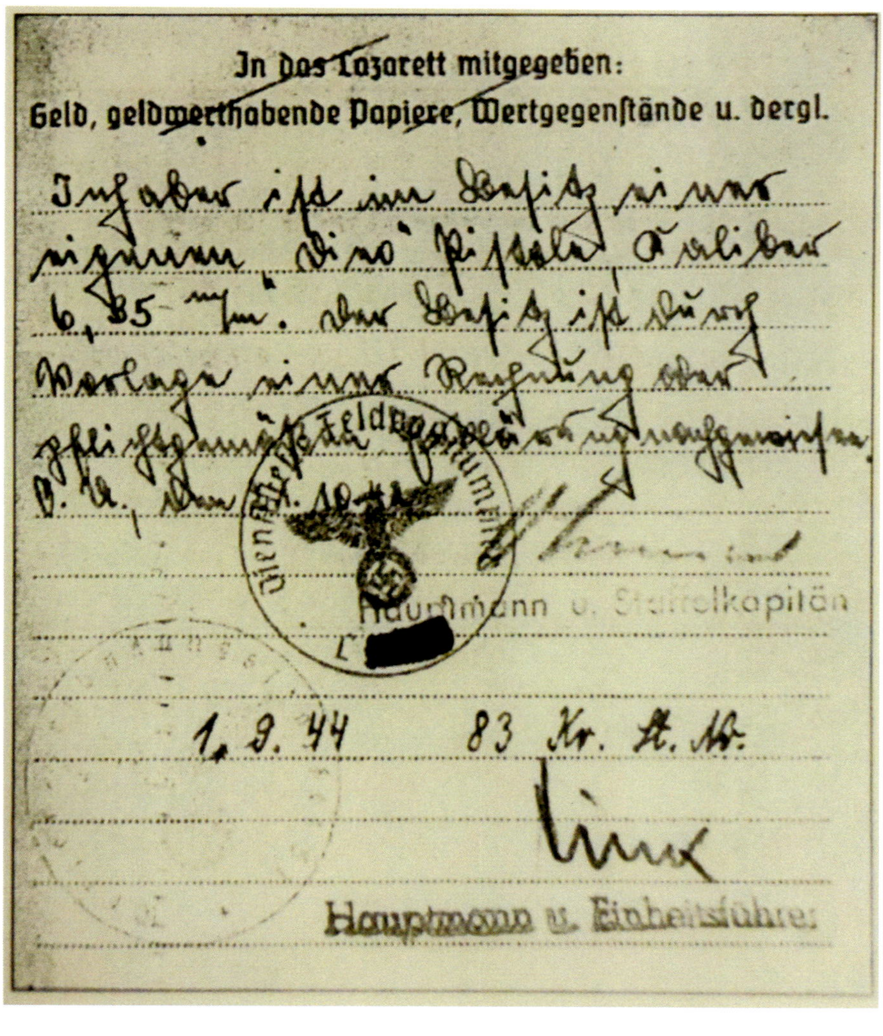

In das Lazarett mitgegeben:

Geld, geldwerthabende Papiere, Wertgegenstände u. dergl.

Inhaber ist im Besitz einer eigenen „Duo" Pistole Kaliber 6,35 mm. Der Besitz ist durch Vorlage einer Rechnung der ... nachgewiesen.

D. U., den [illegible] 1944

Hauptmann u. Staffelkapitän

[redacted]

1. 9. 44 83 Kr. St. Nr.

Hauptmann u. Einheitsführer

Pistole „DUO" Kal. 6,35 mm eingetragen im Wehrpass

Von den Siegermächten angeordnete Neubewaffnung der deutschen Polizei in den vier Besatzungszonen, sowie Berlin in vier Sektoren aufgeteilt

— 18 —

DIREKTIVE Nr. 16

Bewaffnung der deutschen Polizei

Der Kontrollrat verfügt wie folgt:

1. Um die deutsche Polizei in die Lage zu versetzen, sich an der Aufrechterhaltung von Recht und Ordnung tatkräftig beteiligen zu können, muß sie so bald wie möglich mit Waffen ausgestattet werden. Die Neubewaffnung wird unter folgenden Bedingungen erfolgen:

a) Mit Ausnahme der Gendarmerie und der Grenzpolizei, die mit Karabinern ausgestattet werden können, wird die Polizei keine gänzlich automatischen Waffen oder andere Waffen zugeteilt bekommen als Pistolen, Revolver und Knüttel.

b) Um die Überwachung von Feuerwaffen und Munition in deutschem Besitze zu erleichtern und jede Rechtfertigung für die weitere Herstellung von Feuerwaffen und Munition in Deutschland auszuschalten, wird die Wiederbewaffnung der deutschen Polizei durch die Zuteilung von außerhalb Deutschlands hergestellten Feuerwaffen erfolgen.

c) Um die Aufsicht über die an die deutsche Polizei ausgehändigten Waffen zu erleichtern, werden alle Waffen mit einem deutlichen Kennzeichen versehen.

d) Die Wiederbewaffnung der Polizeibeamten darf erst nach der Durchführung der Entnazifizierung und der Entfernung aller der Militärregierung feindlich gesinnten Elemente stattfinden. Weiterhin wird das Personal der Polizei erst nach seiner Ausbildung in den ihr zugewiesenen Aufgaben wieder bewaffnet werden.

e) Vor der Ausgabe von Waffen muß ein alliierter Beamter des Öffentlichen Sicherheitsdienstes der Militärregierung für den guten Erfolg der Ausbildung bürgen und die Versicherung abgeben, daß die Wiederbewaffnung gerechtfertigt ist.

f) Die Überwachung der Beschaffung und Verteilung der Polizeiwaffen und Munition wird durch die Forderung einer schriftlichen Buchführung über den Waffenbestand seitens jeder Polizeistelle erfolgen. Der Verlust einer Waffe muß von der deutschen Polizei unverzüglich der Militärregierung schriftlich gemeldet werden.

2. Bis zur Beschaffung und Verteilung von Feuerwaffen nichtdeutscher Herkunft darf die deutsche Polizei in Ermangelung der in § 1b beschriebenen Waffen mit anderen zweckmäßigen Waffen ausgestattet werden.

Ausgefertigt in Berlin, den 6. November 1945.

(Die in den drei offiziellen Sprachen abgefaßten Originaltexte dieser Direktive sind von *V. Sokolowsky*, General der Armee; *O. P. Echols*, Generalmajor; *B. H. Robertson*, Generalleutnant, und *L. Koeltz*, Armeekorps-General, unterzeichnet.)

Polizei in den vier Besatzungszonen

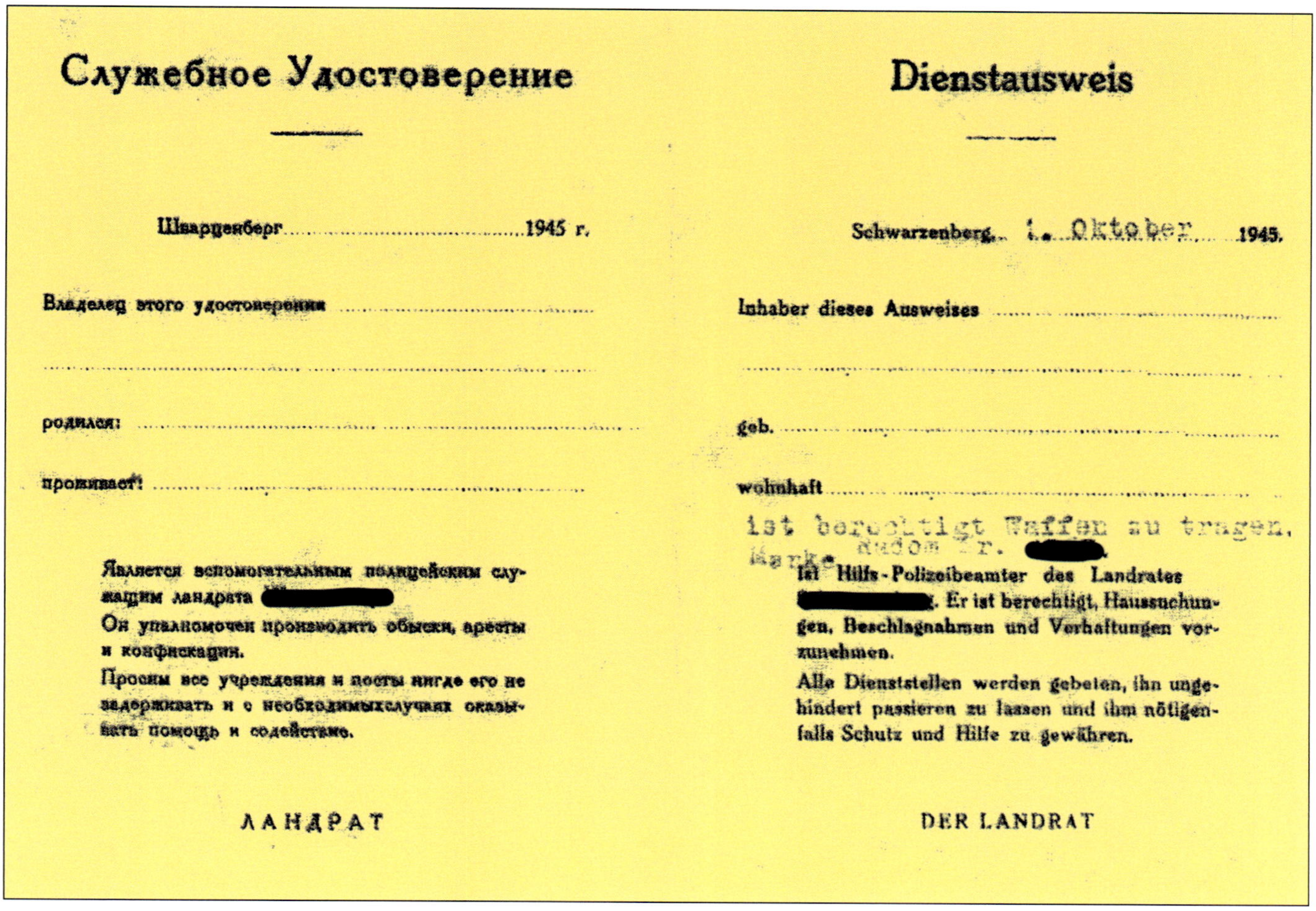

Служебное Удостоверение

Шварценберг .... 1945 г.

Владелец этого удостоверения ....

родился: ....

проживает: ....

Является вспомогательным полицейским служащим ландрата [redacted]
Он уполномочен производить обыски, аресты и конфискации.
Просим все учреждения и посты нигде его не задерживать и с необходимыхслучаях оказывать помощь и содействие.

ЛАНДРАТ

Dienstausweis

Schwarzenberg, 1. Oktober 1945.

Inhaber dieses Ausweises ....

geb. ....

wohnhaft ....

ist berechtigt Waffen zu tragen. Marke Radom Nr. [redacted].

Ist Hilfs-Polizeibeamter des Landrates [redacted]. Er ist berechtigt, Haussuchungen, Beschlagnahmen und Verhaftungen vorzunehmen.
Alle Dienststellen werden gebeten, ihn ungehindert passieren zu lassen und ihm nötigenfalls Schutz und Hilfe zu gewähren.

DER LANDRAT

Dienstausweis. Frei nach einem Original.

Da in der Sowjetischen Besatzungszone (SBZ) die alte deutsche Polizei aufgelöst war, gründete die Besatzungsmacht am 1. Juni 1945 die „Deutsche Volkspolizei" (DVP). Nach der Gründung der DDR wurde sie als Volkspolizei in den neuen Staat übernommen.

In der SBZ wurden an entnazifizierte, neu gebildete Polizeieinheiten bereits Mitte 1945 Pistolen ausgegeben. Wie aus einem Dokument ersichtlich ist, handelte es sich dabei um polnische Radom-Pistolen, aber auch um russische TT-33 und belgische HP-35 – alles Waffen, die nicht aus deutscher Produktion stammten, wie es vom Alliierten Kontrollrat vorgesehen war.

Allerdings hielt man sich in der SBZ nicht in allen Fällen an die Vereinbarungen mit den Siegermächten. Es wurden auch Waffen deutscher Produktion ausgegeben. Die sowjetische Armee hatte eine Vielzahl deutscher Waffen erbeutet; die Depots waren voll. Den neuen Polizisten war es recht, mit einer 08-Pistole oder einer P38 umzugehen – die meisten von ihnen hatten ja in der Wehrmacht gedient.

Anders sah es in den westlichen Besatzungszonen aus. Die Amerikaner und Engländer gaben zum Teil alte Revolvermodelle von Smith & Wesson sowie Enfield aus. Frankreich verlieh unter anderem MAB-Pistolen, die den gedienten Polizisten aus dem Weltkrieg bereits bekannt waren – sie waren damit zufrieden. Nicht so die Revolverträger in der amerikanischen Besatzungszone und im amerikanischen Sektor Berlins.

Dieser Spuk endete mit der Gründung der BRD und der DDR im Jahr 1949. In der DDR blieben beispielsweise die 08-Pistolen bis Mitte der 1960er-Jahre im Bestand.

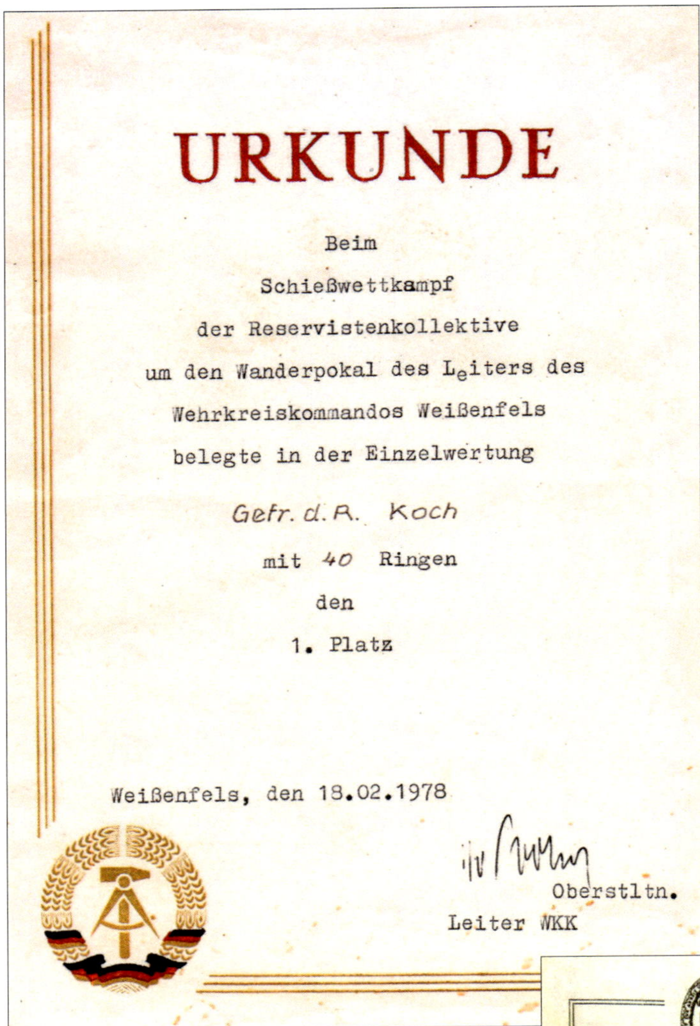
URKUNDE

Beim
Schießwettkampf
der Reservistenkollektive
um den Wanderpokal des Leiters des
Wehrkreiskommandos Weißenfels
belegte in der Einzelwertung

Gefr. d. R. Koch
mit 40 Ringen
den
1. Platz

Weißenfels, den 18.02.1978

i.V. [signature]
Oberstltn.
Leiter WKK

EHRENURKUNDE

In Würdigung
hervorragender Leistungen und Einsatzbereitschaft
zur Festigung der sozialistischen Landesverteidigung
der Deutschen Demokratischen Republik
wird
dem Uffz. d. R.
Olaf Koch
aus Anlaß des 25. Jahrestages der NVA
Dank und Anerkennung ausgesprochen

…ALE VOLKSARMEE · WEHRKREISKOMMANDO WEISSENFELS

GST - SPORTPROGRAM…
Sportschießen

Herausgegeben 1980 – Zentralvorstand der GST

URKUNDE
Nr. 69
Koch, Olaf
WIRD DAS SPORTABZEICHEN
DER DEUTSCHEN DEMOKRATISCHEN REPUBLIK
BEREIT ZUR ARBEIT UND ZUR
VERTEIDIGUNG DER HEIMAT
IN
GOLD
VERLIEHEN
STAATLICHES KOMITEE
FÜR KÖRPERKULTUR UND SPORT
DATUM Feb. 1972
Weißig
VORSITZENDER
Bestell-Nr. 27a - VLV Berlin Ag 300/SpT 1608/68 V 7 7

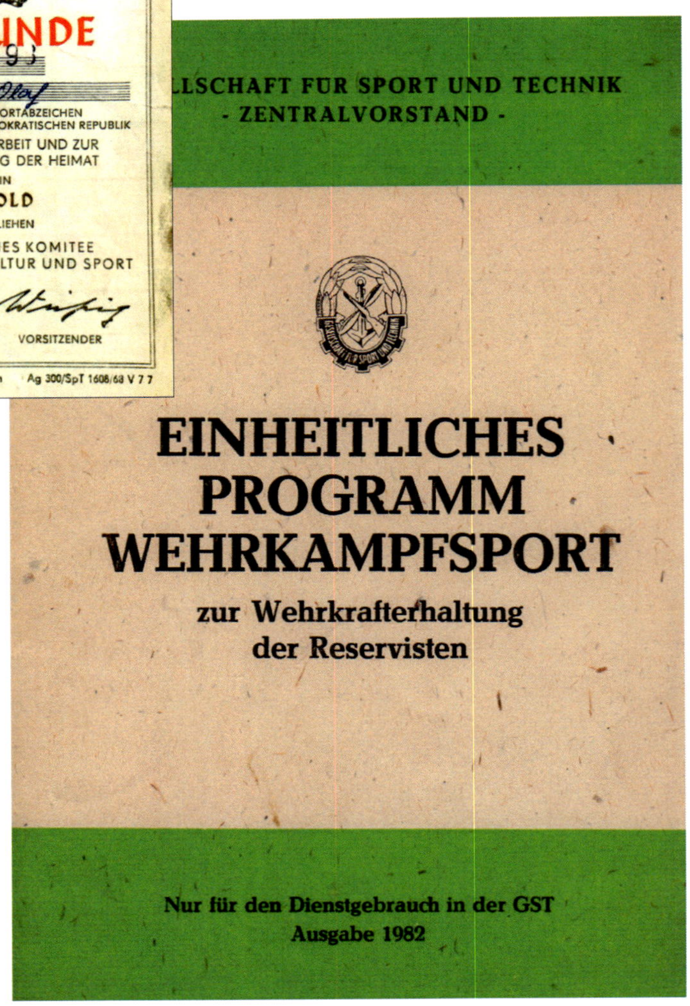
…LLSCHAFT FÜR SPORT UND TECHNIK
- ZENTRALVORSTAND -

EINHEITLICHES
PROGRAMM
WEHRKAMPFSPORT
zur Wehrkrafterhaltung
der Reservisten

Nur für den Dienstgebrauch in der GST
Ausgabe 1982

Erst Mehrkampf dann Wehrkampf

Urkunde

Im Reservistenmehrkampf

des Wehrkreiskommandos

Weißenfels

belegte die Mannschaft
des Reservistenkollektivs

Bahnbetriebswerk

mit - Punkten den 2. Platz

Wfls., 06.03.1986

i.V. Grille
Oberstleutnant

Teilnehmer:
Olaf Koch

KK Mpi 69

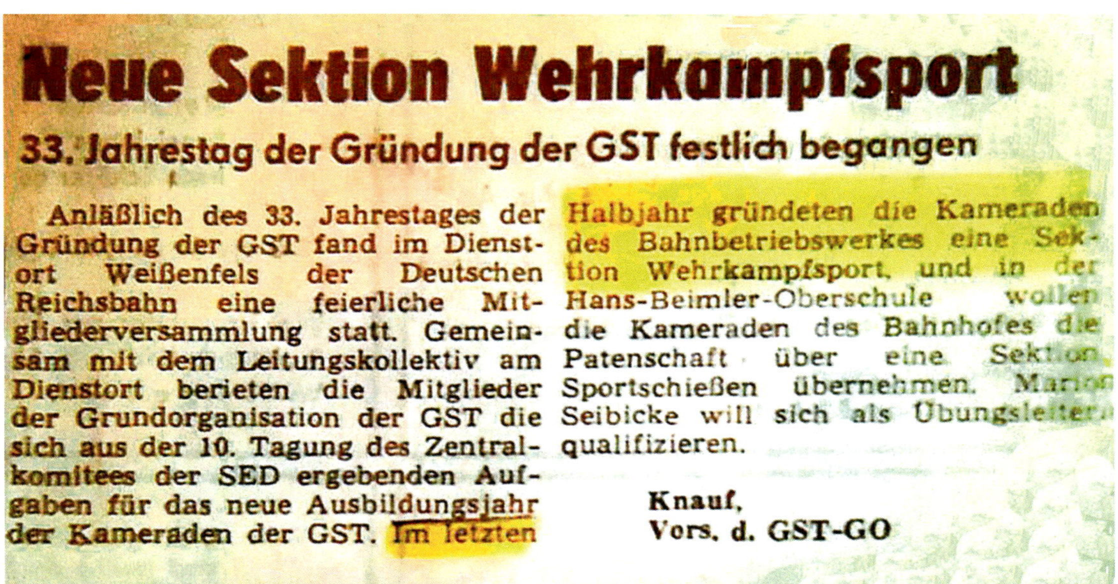

Neue Sektion Wehrkampfsport

33. Jahrestag der Gründung der GST festlich begangen

Anläßlich des 33. Jahrestages der Gründung der GST fand im Dienstort Weißenfels der Deutschen Reichsbahn eine feierliche Mitgliederversammlung statt. Gemeinsam mit dem Leitungskollektiv am Dienstort berieten die Mitglieder der Grundorganisation der GST die sich aus der 10. Tagung des Zentralkomitees der SED ergebenden Aufgaben für das neue Ausbildungsjahr der Kameraden der GST. Im letzten Halbjahr gründeten die Kameraden des Bahnbetriebswerkes eine Sektion Wehrkampfsport, und in der Hans-Beimler-Oberschule wollen die Kameraden des Bahnhofes die Patenschaft über eine Sektion Sportschießen übernehmen. Marion Seibicke will sich als Übungsleiter qualifizieren.

Knauf,
Vors. d. GST-GO

Unten Titelseite (Auszug) aus Visier Nr. 7/1978

Lebensabschnitte mit dem Schießsport

Während meiner Schulzeit, gerade 14 Jahre alt geworden, wurde ich Mitglied der GST (Gesellschaft für Sport und Technik), Sektion Schießen.

So begann ich nach dem Schulunterricht, in meiner Freizeit, dem Schießen mit KK-Waffen nachzugehen. Wir benutzten die russische Sportpistole Margolin im Kaliber .22 l.f.B. sowie das Suhler Einzellader-Gewehr Modell K 110 im gleichen Kaliber, die als Einsteigerwaffen in der damaligen Zeit galten. So lernten wir den Umgang mit Waffen, Munition und die Lehre vom Schießen.

Es war das Jahr 1966. Damals ging es den Übungsleitern nur um das Sportschießen. Man wollte Talente für den Spitzensport finden. Der Fokus auf die militärische Ausbildung war noch nicht vorhanden. Es gab Wettkämpfe und ein geselliges Kulturleben, wie man es damals nannte.

Aber das Leben ging weiter, die Schule ging zu Ende, die Lehre begann und anschließend gleich die Wehrdienstzeit in der NVA. Mit dem Freizeitschießen war es erst einmal vorbei, doch geschossen wurde weiter. Allerdings unter anderen Richtlinien, jetzt als Pflichtveranstaltung, was mir persönlich recht war. Während der Lehre bei der Deutschen Reichsbahn wurde in der Berufsschule mit dem Luftgewehr geschossen. Zweimal während der Lehrzeit fuhren wir in das GST-Lager, einmal Thüringen und einmal Ostsee. So kam ich das erste Mal in meinem Leben an die See. Man machte das Beste daraus, wir waren noch jung. Nun lag der Fokus der GST auf der vormilitärischen Ausbildung, sprich die Vorbereitung auf die NVA. Im Berufsschulsport mussten wir 10.000-m-Läufe absolvieren, da die NVA-Führung die körperliche Leistungsfähigkeit der jungen Wehrpflichtigen bemängelte.

Während der NVA-Dienstzeit wurde wider Erwarten wenig geschossen. Alle halben Jahre die Schulübungen, Sommer-/Winterlager und die jährliche Regimentsübung, das war es. Nach der Dienstzeit ging es zurück zur Reichsbahn. Hier stellte ich fest, dass die Reichsbahn im Vergleich zu anderen Betrieben sehr schießlastig war. Es gab Reichsbahnmeisterschaften, Betriebsmeisterschaften, Sportfeste u. v. m. Geschossen wurde immer mit dem Luftgewehr, aber auch mit KK-Waffen.

Mitte der siebziger Jahre mussten in allen größeren Betrieben auf Anweisung des WKK (Wehrkreiskommando) Reservistenkollektive aufgestellt werden. Das Ziel war die Wehrkrafterhaltung der Reservisten. Die Durchführung lag bei der GST. Der Wehrkampfsport, von der GST organisiert und durchgeführt unter der Oberaufsicht des WKK. Nun schlug meine Stunde. Ich war ja Mitglied der GST geblieben und kannte mich somit aus. Ich übernahm in meinem Betrieb als Übungsleiter den Wehrkampfsport und versuchte, eine Mannschaft aufzubauen.

Zugute kam mir die Tätigkeit als Sportorganisator der Gewerkschaft, denn Geländeläufe, Klimmzüge, Liegestütze sowie Zielweitwurf waren Disziplinen, die dem Wehrkampfsport nahekamen. Geschossen wurde bei Betriebssportfesten mit dem Luftgewehr natürlich auch. So konnte ich wieder dem Schießsport nachgehen. Für die Wettkämpfe musste ja regelmäßig trainiert werden.

Geschossen wurde mittlerweile mit der KK-MPi Modell 69 aus Suhl. Sie galt als Ausbildungswaffe der GST für die vormilitärische Ausbildung. Sie hatte in etwa die gleiche Bedienbarkeit, Sicherung, Magazin und Ladetätigkeit wie das Vorbild, die AK 47 im Kaliber 7,62 mm, die Standardwaffe der Nationalen Volksarmee. Aber auch russische KK-Mehr- und Einzellader-Sportgewehre sowie die altbekannte Margolin-Pistole kamen zum Einsatz. Für die Reservisten waren im Kalenderjahr der Winter- und Herbstmarsch sowie der Wanderpokal des Wehrkreiskommandos die wichtigsten Wettkämpfe. Speziell für die Wehrkampfsportler gab es bei der Deutschen Reichsbahn noch eine Vielzahl von Wettkämpfen. Wer schießen wollte, konnte sich voll entfalten. Es war von „oben“ gewollt. Nach mehreren Lehrgängen – Kampfrichter, Übungsleiter und Schießstandaufsicht – erhielt ich die Berechtigung als „Leiter des Schießens“.

Das VPKA (Volkspolizeikreisamt) stellte mir einen Waffenschein aus. Dieser berechtigte mich, Schusswaffen und Munition aus der zentralen Waffenkammer der GST/VP in Empfang zu nehmen sowie den sicheren Transport, in der Regel mit Pkw, zur Schießstätte vorzunehmen. Dort angekommen, Waffen- und Munitionsausgabe an die am Schießstand anwesenden Schützen. Dann leitete ich das Schießen am Stand nach allen waffenrechtlichen Vorschriften. Nach Beendigung des Schießens Waffenauswertung sowie Ausfüllen von Formularen, wie zum Rücktransport zur Waffenkammer, Abgabe der Waffen, Überprüfen und Reinigen, Beispiel die Schießkladde. Rapport beim Leiter der Waffenkammer. Als Besitzer des Waffenscheins und Leiter des Schießens musste ich allerdings auch für weitere GST-Wettkämpfe meist am Wochenende zur Verfügung stehen. Der Waffenschein war auch eine Verpflichtung, die zum Teil zu Problemen im Betrieb zwecks Freistellung vom Dienst führte. Eisenbahner arbeiteten auch am Wochenende.

Das Leben ging weiter, das aufregende Wendejahr 1989/90, die GST wurde aufgelöst und der Waffenschein wurde abgegeben. Am 03.10.1990 die Deutsche Einheit, waffenrechtlich meine „Stunde Null“. Zur Arbeit fuhr ich nun täglich nach Erfurt, da das Bahnwerk in Weißenfels geschlossen wurde.

Neue Anträge stellen, Gutachten erbringen, Sachkunde nachweisen und so weiter und so fort. Dann endlich, nach langem Kampf mit den Behörden, am 04.01.1994: rote WBK für Waffensammler, geschafft.

Das war mein waffenrechtlicher Neuanfang.

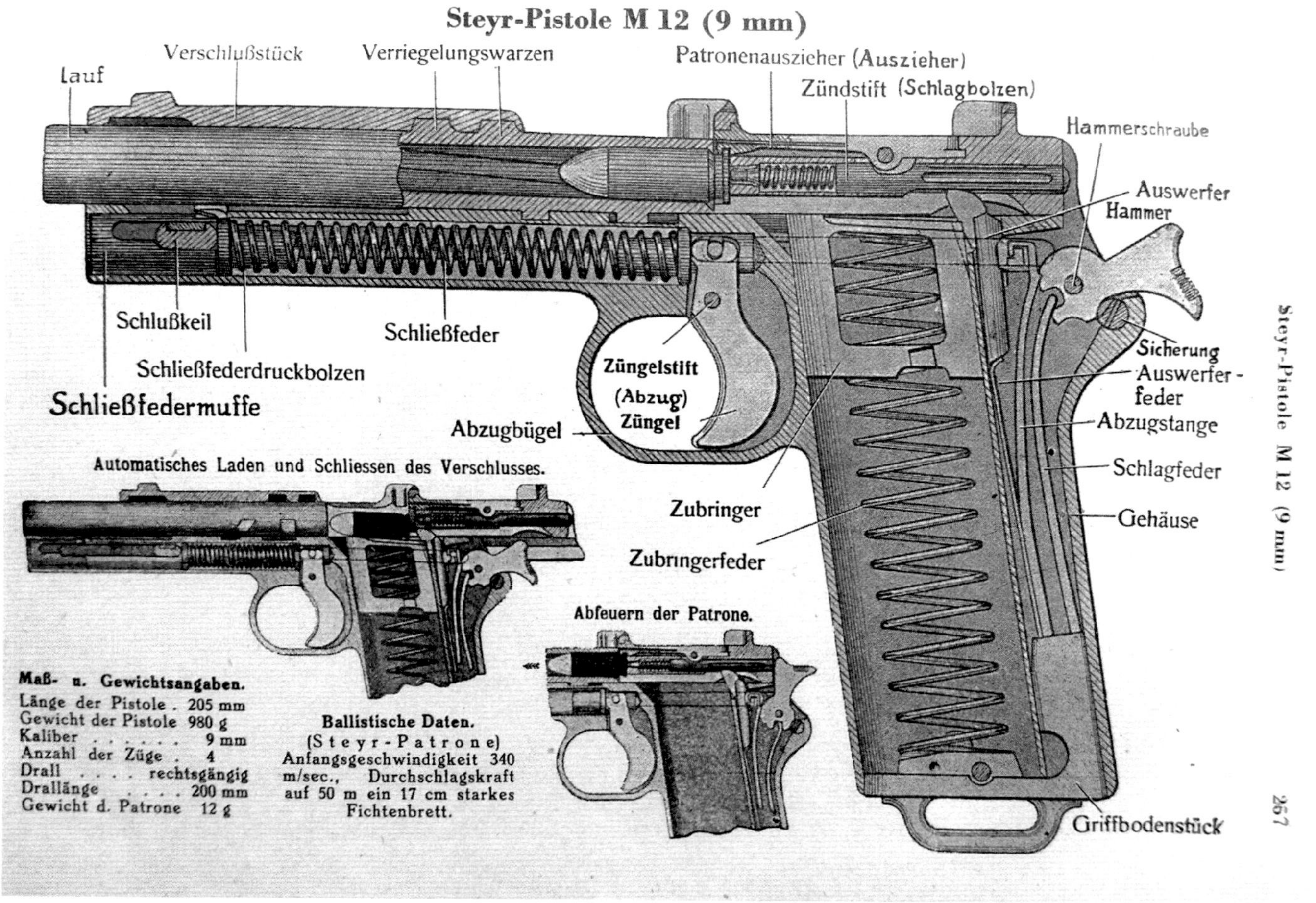

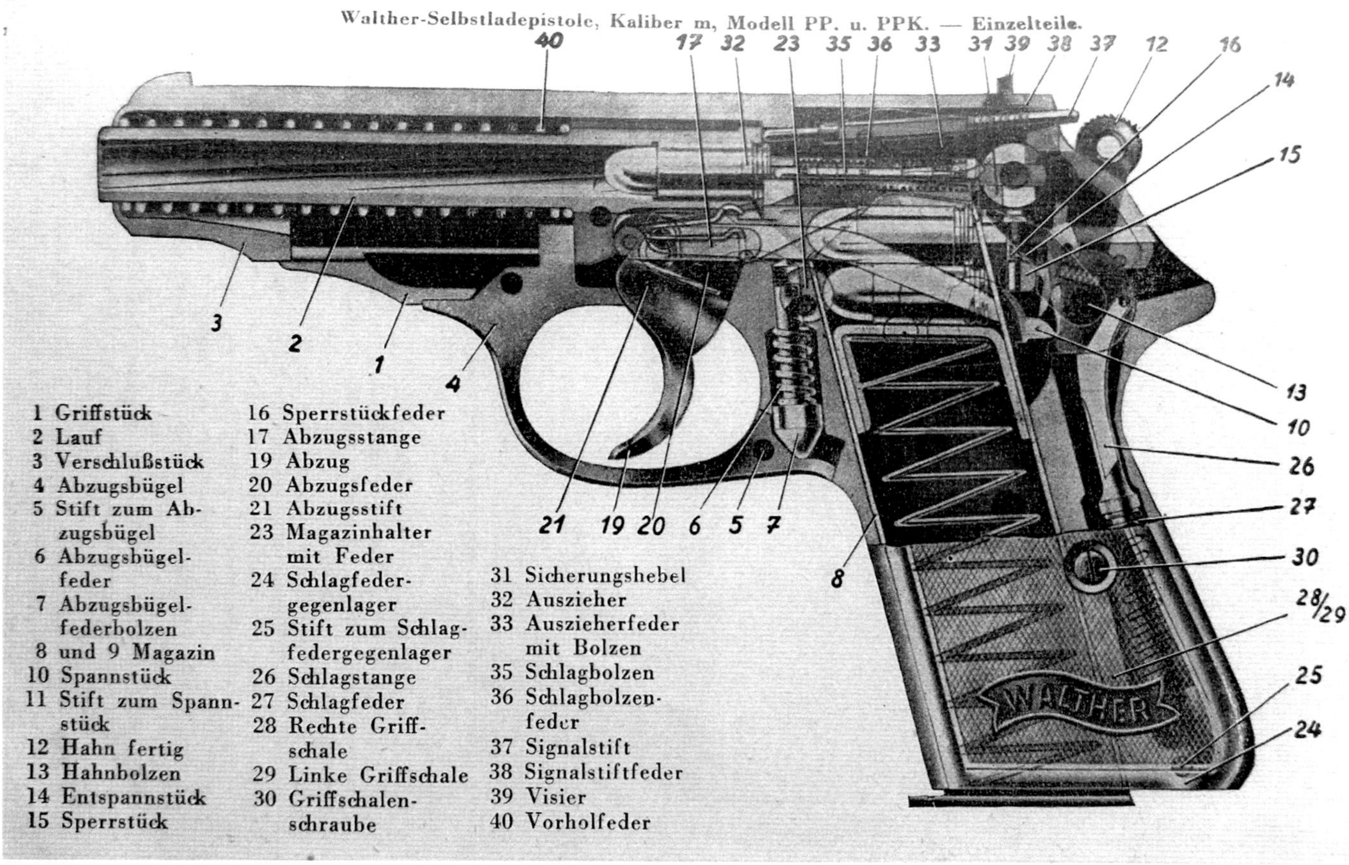

Schnittmodelle Steyr Pistole M12, Walther PP und PPK
Quelle: Waffentechnischer Leitfaden für die Ordnungspolizei, Seite 267 und 273.
Autor Karl Fischer – Verlag R. Eisenschmidt, Berlin 1944

Die Pistole 08

Sivis pacem „PARABELLUM“ Deutsche Waffen- und Munitionsfabriken Berlin.
Pistole „Luger“, Pistole „Parabellum“, Pistole „08“ – drei Bezeichnungen für ein und dieselbe Pistole, eine technische Meisterleistung der Konstrukteure Hugo Borchardt und Georg Luger. Von der etwas großen sperrigen Borchardt C93 Pistole zur führigen Luger-Pistole, als „08“ weltweit bekannt und geschätzt bis in die Neuzeit.
Die deutschen Waffen- und Munitionsfabriken (DWM) boten die bei ihnen konstruierte und produzierte Luger-Borchardt-Pistole auf den zivilen Markt als „Parabellum-Pistole“ an, so stand es in Anzeigen, Katalogen und Bedienungs-anleitungen.
Es war die Telegrammadresse der DWM in Berlin, ein eingetragenes Warenzeichen des Konzernes.
Das Wort entstammt dem lateinischen Spruch „si vis pasem, para bellum“ – „Wenn du Frieden willst, rüste zum Krieg“ oder „Wenn du Frieden willst, bereite den Krieg vor“. Das sind die beiden gängigsten Übersetzungen. In den USA wurde die Pistole mit eingetragenen Warenzeichen „Luger“ vertrieben.

Als Pistole 08 wurde das Modell 1908 bei der deutschen Armee und Polizei eingeführt. Die kaiserliche Marine übernahm das Modell 1904 mit 16 cm Lauf und verstellbarer Kimme, man nannte sie kurz „Marine-04".
Die Lange 08, Lauflänge 20 cm wurde 1913 auf kaiserlichen Erlass für die Feld-artillerie, Flieger und die Festungsbesatzungen eingeführt. Heute als „Ari 08" bezeichnet. Mit einem 32-Patronen-Trommelmagazin wurde sie während des Ersten Weltkrieges bei den Sturmtruppen eingesetzt. Sie diente als Ersatz für noch nicht vorhandene Maschinenpistolen. Anfang 1918 kam die Bergemann „MP 18, l", entwickelt von Hugo Schmeisser, mit dem Trommelmagazin der 08 zum Einsatz. Es war die erste Feldtaugliche Maschinenpistole der Welt.

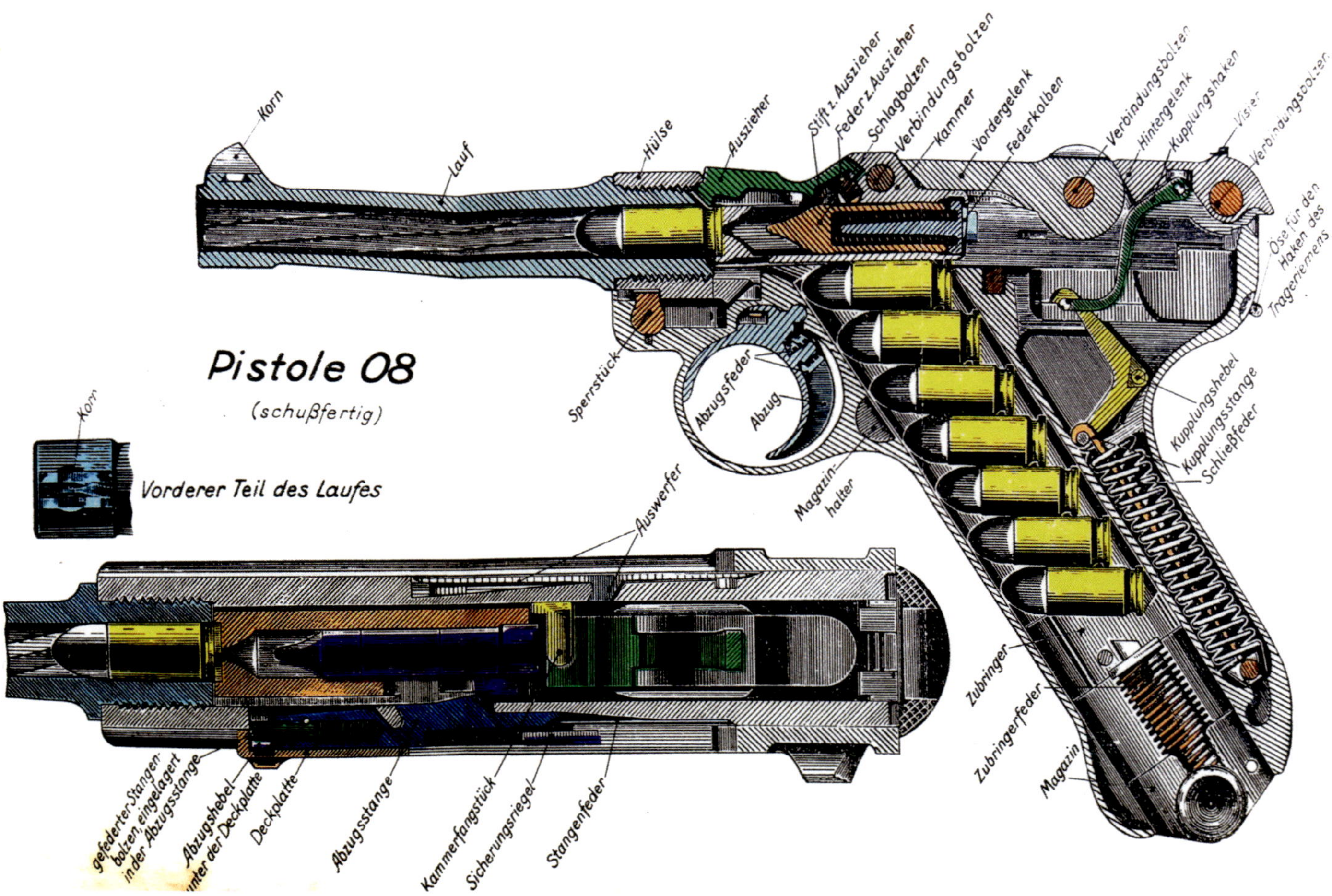

Schnittmodelle Pistole 08
Quelle: Waffentechnischer Leitfaden für die Ordnungspolizei, Seite 248.
Autor Karl Fischer – Verlag R. Eisenschmidt, Berlin 1944

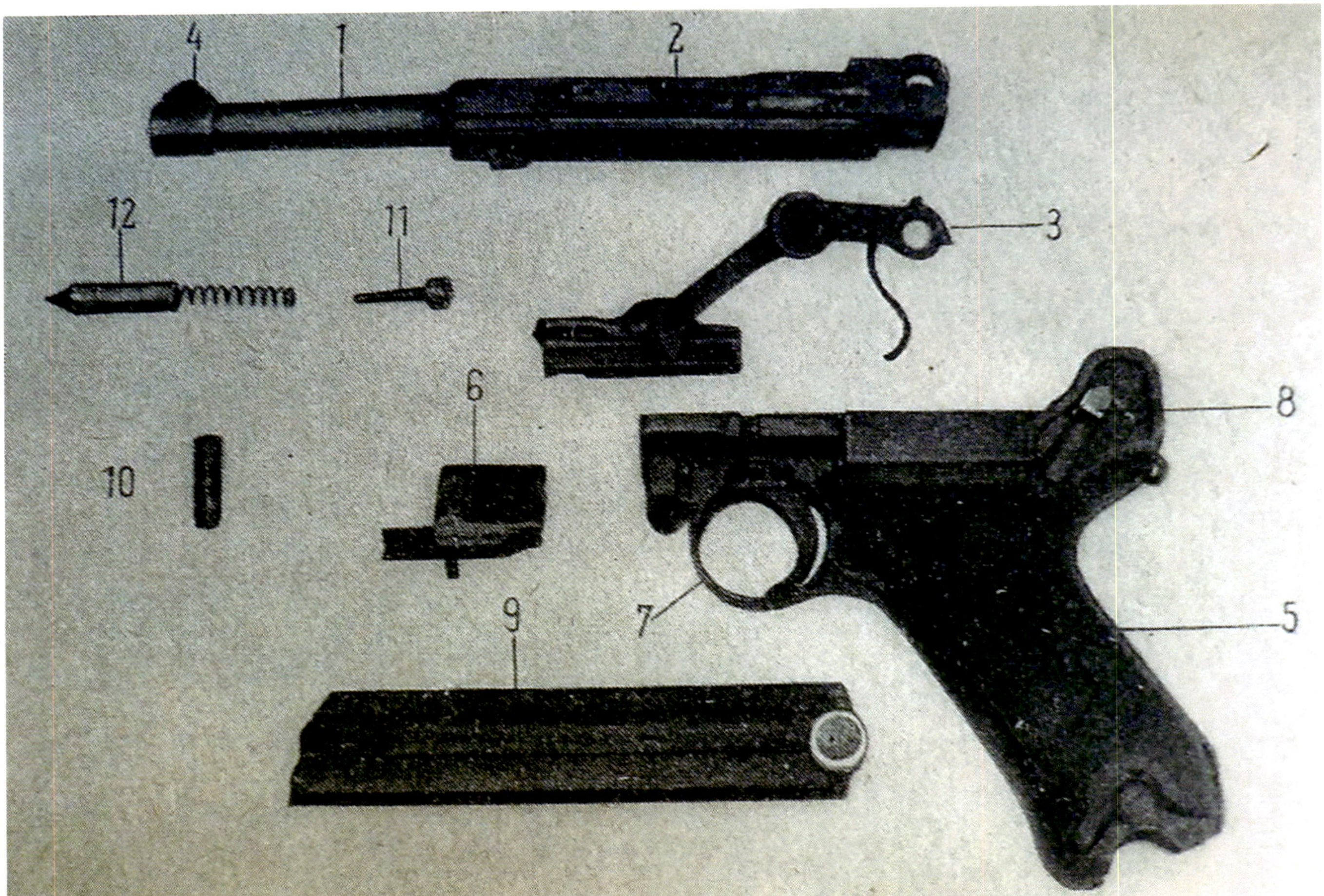

Abbildung 56 Pistole 08 – Hauptteile
1 – Lauf; 2 – Hülse; 3 – Verschluß; 4 – Korn; 5 – Griffstück; 6 – Deckplatte; 7 – Abzugsvorrichtung; 8 – Sicherung; 9 – Magazin; 10 – Verbindungsbolzen; 11 – Federkolben.
12 – Schlagbolzen mit Schlagbolzenfeder

08 Zerlegen: Magazin entfernen, entsichern, durchladen, Lauf frei, Abzug drücken. Die 08 mit rechter Hand umfassen, Schloß etwas zurück ziehen siehe Bild, Schlosshalter nach unten drehen, Deckplatte abheben, Lauf mit Gabelgehäuse nach vorn vom Griffstück schieben. Verbindungsbolzen am Gabelgehäuse hinten raus drücken, Verschluss mit Kniegelenk aus Gehäuse entfernen. Bodenstück am Schloß eindrücken und drehen. Boden, Feder und Schlagbolzen heraus nehmen.

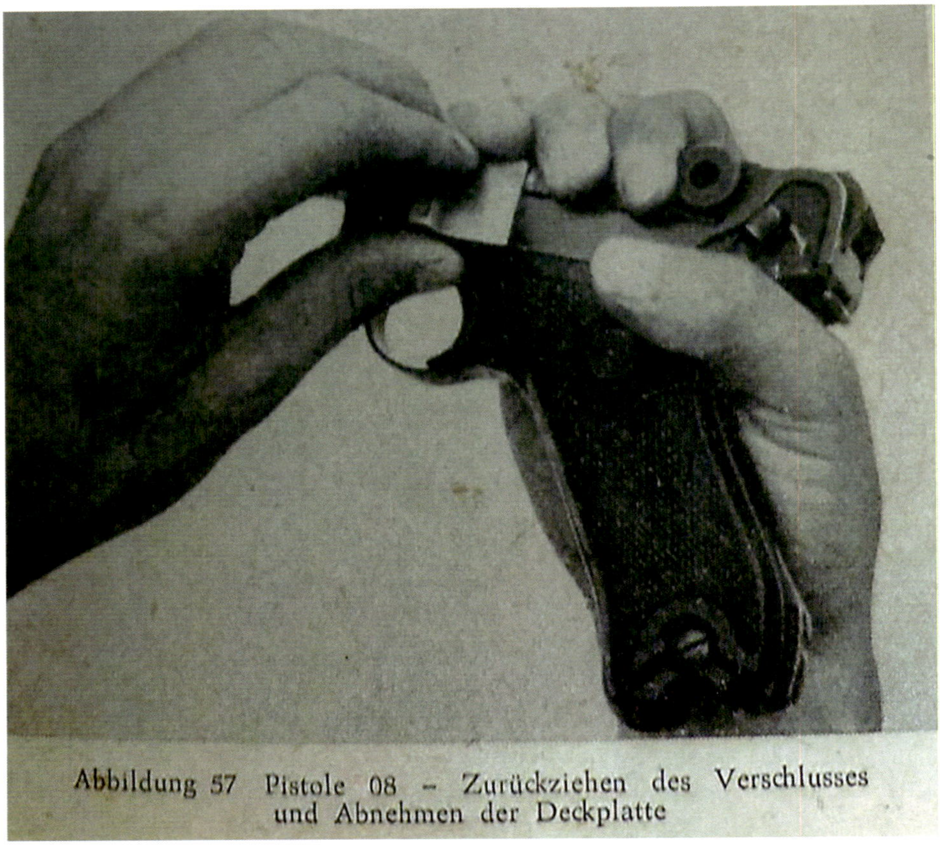

Abbildung 57 Pistole 08 – Zurückziehen des Verschlusses und Abnehmen der Deckplatte

Sammeln – ein Hobby
Resümee des Besitzers der Sammlung

Sammeln, eine Leidenschaft, der viele Menschen nachgehen. Es wird so ziemlich alles gesammelt, Gartenzwerge, Porzellanfiguren, Münzen und Kraftfahrzeuge, um nur einiges zu nennen.

Bei mir anfangs Hirschfänger, Messer und Bajonette. Aber Schusswaffen, das passt so gar nicht mehr in die heutige Gesellschaft. Dieses „Teufelszeug". Es wird wohl aussterben, dieses Hobby. Ich werde wahrscheinlich zu einem der Letzten zählen, die ihm frönen dürfen.

Aber daran war 1990, dem Jahr der deutschen Einheit, noch nicht zu denken. Das Waffenrecht war für legale Waffenbesitzer erträglich, ja liberaler. Viele nutzten die neuen Freiheiten. Sie traten in neu gegründete Schützenvereine ein, andere wieder wollten Jäger werden, das war nun alles möglich. Es herrschte eine wahre Aufbruchstimmung.

Ich persönlich bekam mit der Einheit die Möglichkeit, mir einen lang gehegten Wunsch zu erfüllen.

Feuerwaffen sammeln, sie technisch zu begutachten und geschichtlich einzuordnen. Das Schießen an sich trat für mich nun in den Hintergrund. War aber damals mit Sammlerwaffen noch ohne Beschränkungen waffenrechtlich möglich.

Soweit meine Vorstellungen. Es mussten nur noch ein paar gesetzliche Hürden überwunden werden.

Wir schrieben das Jahr 1992, Jahr 2 der deutschen Einheit.

Die Waffenbehörde war gerade neu geschaffen worden. Nach langen Recherchen und zahlreichen Behördenanfragen zum Thema stellte ich einen Antrag zum Erlangen, sprich dem Ausstellen einer WBK für Waffensammler und Waffensachverständige.

Nun kamen die Bedingungen und gesetzlichen Auflagen, die meinerseits zu erfüllen waren. Kulturhistorisch bedeutsames Thema, persönliche Eignung und Sachkunde, die ich nachweisen musste.

Waffentechnisch war ich ja schon sachkundig. Den Umgang mit Schusswaffen und Munition erlernte ich in der DDR, als Mitglied der GST „Sektion Schießen".

Während der Schulzeit, vierzehnjährig, ging ich nach dem Unterricht regelmäßig dem Schießen mit KK-Waffen nach. Als Sportschütze der Gesellschaft für Sport und Technik war ich derjenige, der die Waffen nach dem Schießen freiwillig auch für Schützenkameraden putzte. So konnte ich die Waffen technisch studieren.

Es wurde von den Verantwortlichen wohlwollend zur Kenntnis genommen, denn in der Regel wollten alle nur schießen. Waffen reinigen, sie warten, war eine unbeliebte Arbeit. Der Waffenwart hatte einen willigen Gehilfen gefunden, der ihm zur Hand ging.

Da die Waffen ja kein persönliches Eigentum der Sportschützen waren, war ihr Zustand dementsprechend schlecht.

Heute sieht das anders aus, das Eigene pflegt und hegt man in der Regel.

Während meiner Wehrdienstzeit bei der NVA – im Behördendeutsch wird diese Zeit als „gedient in einer fremden Armee" betitelt. Das Gleiche steht bei Personen, die in der französischen Fremdenlegion gedient haben, gut zu wissen.

Was soll es, jedenfalls hing sogar einem wie mir das ständige Waffenputzen zum Halse heraus. Es reichte ja schon, die Waffe einmal kurz in der Hand zu haben, um eine Reinigung zu befehlen. Geschossen wurde selten. Der Armeealltag drehte sich um vieles, nur nicht um das Schießen. Munition war teuer. Die Anzahl an Patronen, welche ich in anderthalb Jahren verschoss, entsprach bei der GST 15 Minuten Schießtraining. In der Regel befand man sich 2 Stunden zum Training auf dem Schießstand. Mangel an KK-Munition war kein Thema. Aber wer gedient hat, weiß, wovon ich schreibe.

Wieder im Zivilleben angekommen, zurück zur Eisenbahn und zur GST. Nun war Wehrkampfsport angesagt. Im Laufe der Jahre, mit den entsprechenden Lehrgängen und dem Erlangen weiterer waffenrechtlicher Berechtigungen, wurde ich Leiter des Schießens. So konnte ich bis Anfang 1990 mit Schusswaffen umgehen, sie schießen und sie ausführlich studieren.

Die Waffentypen beschränkten sich allerdings auf KK-Sportwaffen, Gewehre und Pistolen. Als Ausnahme auch mal eine 9-mm-Makarow-Pistole. Mit ihr wurde auf besondere Anweisung (Befehl) vom Leiter des WKK (Wehrkreiskommando) vereinzelt für Reservisten Trainings- und Wettkampfschießen angeordnet. So viel zum behördlich geforderten Sachkundenachweis.

Als kulturhistorisch bedeutsames Sammelthema wählte ich „Schusswaffen der Polizei/Gendarmerie im Deutschen Reich bis 1945“, welches der bestellte Gutachter bescheinigte. Der Antrag war gestellt. Nun war Warten angesagt. Dann kam endlich der behördliche Bescheid. Ich hatte die rote Waffenbesitzkarte für Waffensammler und Waffensachverständige bewilligt bekommen. Zur damaligen Zeit, im neu vereinten Deutschland, ein Schritt ins waffenrechtliche Neuland. Mein Wunsch, Feuerwaffen zu sammeln, sie technisch und geschichtlich zu studieren, ging in Erfüllung.

Diesen Schritt würde ich heute wahrscheinlich nicht mehr gehen. Zu groß sind die waffenrechtlichen Beschränkungen für legale Waffenbesitzer, die in den vergangenen 22 Jahren aufgebaut worden sind, und die Verschärfungen gehen weiter.

Dato schreiben wir das Jahr 2025. Ich frönte meinem Hobby weiter, und die Reformen, die Verschärfungen des deutschen Waffenrechtes, gingen auch weiter. Unter anderem sind neue Normen für Waffenschränke eingeführt worden. Gewicht und Preis der Schränke haben sich im Schnitt verdoppelt. Des Weiteren sind Hausbesuche von Behördenmitarbeitern, die sich vor Ort über die Einhaltung der gesetzlichen Vorschriften zur Aufbewahrung von Schusswaffen informieren, eingeführt worden. Die letzte Verschärfung betraf Magazine für 9-mm-Pistolen, die auf 20 Schuss begrenzt wurden.

Die staatlichen Behörden verfolgen weiter das Ziel, „so wenig legale Waffen wie möglich im Volk“. Doch jetzt soll Deutschland kriegstauglich werden. Vielleicht ändert sich nun in der deutschen Zivilgesellschaft auch die Einstellung zu Waffen. Interessierte, die sich mit dem Gedanken tragen, eine kulturhistorische Waffensammlung anzulegen, haben es in der heutigen Zeit vielleicht etwas einfacher. Aber der mühsame Weg durch die Behörden, die rote WBK für Waffensammler und Sachverständige, eigentlich ein Privileg unter den Schusswaffenbesitzern, zu erlangen, wird wohl bleiben.

Verriegelungs- und Schloßsysteme von halbautomatischen Selbstladepistolen

Die dargestellten Pistolen der Sammlung sind Faustfeuerwaffen, die sich technisch in zwei Vierriegelungssystemen unterteilen, in Rückstoßlader mit starrer Verriegelung und Rückstoßlader mit Federmasse-Verschluss (mechanisch, kraftschlüssig).

Als erstes der Rückstoßlader mit starrer mechanischer Verriegelung und kurzem gemeinsamen Rücklauf von Lauf und Verschluss in der Regel 5 bis 8 mm. Dann wird die mechanische Verbindung aufgelöst. Der Schlitten läuft bis zum Anschlag alleine weiter, spannt dabei den Schlagbolzen oder Hahn. Im Umkehrschluss nimmt er dann eine neue Patrone aus dem Magazin mit, um sie in den Lauf einzuführen. Die Verbindung von Lauf und Verschluss sprich Verriegelung wird wieder hergestellt. Das geschieht mittels Schwenk- oder Fallriegel, zum Beispiel die Pistole P38 und Mauser C96. Des weiteren durch Kipplauf mit oder ohne Kettenglied. Das wären die FN, HP M35, sowie die Pistole TT33. Zum Schluss die Pistole Steyr M12 mit einem Drehlauf und die Frommer „Stopp“ mit einer drehbaren Kammer im Schlitten. Etwas Besonderes ist die Luger 08 mit ihrem Kniegelenkverschluss, eine Anlehnung an den Verschluss des Maschinengewehres von Maxim.
Wie anhand der Pistolenmodelle ersichtlich, ist die starre Verriegelung für die leistungsstarken Patronen der Kaliber 7,63 mm Mauser, 7,62 mm Tokorew, 9 mm Para und 9 mm Steyr konzipiert.

Als zweites der Rückstoßlader mit Federmasse-Verschluss. Bei dieser Verschlussart sind Lauf und Schlitten nicht mechanisch miteinander verbunden (wie beim starren Verschluss). Der Verschluss drückt direkt auf den Boden der im Lauf befindlichen Patrone. Dieser wirkt nur durch seine Masse und Trägheit in Verbindung mit der Kraft der Schließfeder. Nach dem Zünden der Treibladung in der Patrone (durch Schlagbolzen oder Hahn) wirkt der entstehende Gasdruck auf das Geschoss, das sich nach vorn aus dem Lauf und den Verschluss, der sich nach hinten bewegt. Das Verhältnis von Gasdruck und dem Geschossgewicht der Patrone, sowie der Masse des Verschlusses in Verbindung mit der Kraft der Schließfeder ist so abgestimmt, dass das Geschoss den Lauf schon verlassen hat, wenn die Patronenhülse beginnt, sich nach hinten zu bewegen. Dann wird die Hülse ausgeworfen, Schlagbolzen oder Hahn gespannt und der Schlitten unter Wirkung der Schließfeder, wieder zurück in Richtung Lauf bewegt. Dabei wird eine neue Patrone aus dem Magazin ausgestoßen und in den Lauf eingeführt.
Dabei wird mit Druck des Verschlusses auf den Patronenboden die „Verriegelung“ wieder hergestellt. Die Waffe ist wieder schussfähig. Dieses Verriegelungssystem wird für leistungsschwache Patronen in den Kalibern 22l.r., 6,35 mm Browning, 7,65 mm Browning, 9 mm kurz und 9 mm lang verwendet.
Pistolen mit diesem Verschlusssystem sind einfach und preisgünstig herzustellen. Die Repetierfunktion ist weniger empfindlich auf unterschiedliche Patronensorten.

Schloßsysteme der Selbstladepistolen

Das Schloß hat die Aufgabe, das Zünden der Patrone herbei zuführen. Es stellt die Verbindung von Abzug über die Abzugsstange und der Sicherung zum Schlagbolzen, Schlagstück, Hahn her, um letztendlich die Patrone im Lauf zu zünden.

Das Schlagbolzenschloß, Bolzen und eine Feder als Antrieb ist das einfachste System. Es wurde von John Browning für die FN Modell 1900, die erste funktionsfähige Taschenpistole der Welt, entwickelt. Auf Grund seiner einfachen Funktion kam es in der Folgezeit in vielen Pistolenmodellen zur Anwendung.

In der Entwicklung folgt das ebenfalls weit verbreitete Schlagbolzen-Hahnschloß (Hahn-Schlagbolzen- Zündung). Der Bolzen wird nicht durch eine Feder angetrieben, sondern erhält die Zündenergie mittels Abschlagen des Hahnes (Schlagstück). Nach dem Repetiervorgang ist der Hahn gespannt und wird vom Abzug ausgelöst. Das wird als Single Action (SA) – einfache Bewegung bezeichnet. Beim FN-Modell 1903, Walther-Modell 4 und 7 mit einem innen liegenden Hahn verwendet, später dann auch mit außen liegenden Hahn. Zum Beispiel die Pistole HP35 von Browning, den Beretta-Modellen 34 und 35, der CZ`27 sowie der TT 33, um nur einige Pistolen zu nennen.

Den Abschluß der Entwicklung bildete dann das Anfang der Dreißigerjahre von Walther konstruierte Hahn-Schlagbolzenschloß mit einem Spannabzug. Nach den Repetieren ist der Hahn gespannt und kann im SA-Modus ausgelöst werden. Das Neue war, den Hahn im abgeschlagenen Zustand mit dem Abzug zu spannen und gleichzeitig abschlagen zu lassen. In Verbindung mit der Sicherung konnte der Hahn im gespannten Zustand mittels der Sicherung gefahrlos ohne den Schlagbolzen zu betätigen, entspannt werden. Die Sicherung hatte also 2 Funktionen, Sichern und Entspannen.
Das war die Geburt des Spannabzuges für Selbstladepistolen, Double Action/Single Action (DA/SA). Zum Einsatz kam dieses Schloß erstmalig bei den von Walther entwickelten Polizei-Pistolen PP und PPK. Die P.38 ebenfalls von Walther folgte dann als erste Armeepistole der Welt mit Spannabzugfunktion (DA/SA). Dieses Schloßsystem war natürlich aufwendig und teuer in der Herstellung, aber besonders funktionssicher. Die Pistole konnte geladen, Patrone im Patronenlager, vom Waffenträger gefahrlos geführt werden.

Dieses Schloßsystem wird bis heute verwendet, außer bei Sportpistolen und Waffen für Spezialeinheiten wie die in den 1980er Jahren vom österreichischen Ingenieur G. Glock entwickelte Pistole. Sie war die erste halbautomatische Selbstladepistole mit einem Kunststoffgriffstück und einem Schloß mit vorgespannten Schlagbolzen. Dieser wird durch einen Sicherheitsabzug ausgelöst. Die Pistole ist nach jedem Schuß teil vorgespannt, durchgeladen und feuerbereit. Teil vorgespanntes DAO-System (Glock-Safe-Action). So neu war das auch nicht. Die Roth-Steyr von 1907 besaß auch schon ein Schloß mit vorgespannten Schlagbolzen, ebenso die Pistole von Ortgies Pat. 1918 der Deutschen Werke Erfurt hatte eine ähnliche Funktion.
Einen sogenannten Sicherheitsabzug besaß die Pistole Sauer & Sohn Mod. 1930 (Behördenmodell). Derartige Pistolenkonstruktionen sind heute weltweit verbreitet. Die Charakteristik des Abzuges erinnert an einen Abzug mit Stecher bei Jagdgewehren.

Erläuterung historischer Ereignisse

Versailler Vertrag

Der Friedensvertrag von Versailles beendete mit der Unterzeichnung völkerrechtlich den ersten Weltkrieg. Er wurde bei der Pariser Friedenskonferenz 1919 im Schloß von Versailles von den Kriegsparteien bis Mai 1919 ausgehandelt und war zugleich der Gründungsakt des neuen Völkerbundes. Die deutsche Delegation durfte an den Verhandlungen nicht teilnehmen, sondern man erlaubte erst zum Schluss schriftliche Eingaben, um den Inhalt des Vertrages für Deutschland etwas zu entschärfen. Der Vertrag gab die alleinige Schuld für den Ausbruch des Ersten Weltkrieges Deutschland und seinen Verbündeten. An die Siegermächte mussten Reparationsleistungen erbracht werden, ebenso wurden die Verlierer zu Gebietsabtretungen verpflichtet. Im Spiegelsaal des Versailler Schlosses unterschrieb Deutschland am 28. Juni 1919 unter Protest den Vertrag. Dieser trat erst im Januar 1920 in Kraft. Wegen der harten Bedingungen und der Art seines Zustandekommens ist der Vertrag in Deutschland als demütigendes Diktat empfunden wurden. Im Umkehrschluss führte der Vertrag zum Beginn des Zweiten Weltkrieges am 01.09.1939 mit dem Überfall auf Polen durch Deutschland und seine Verbündeten.

Vertrag von Rapollo

Dieser Einigung ist ein völkerrechtlicher Vertrag, der am 16.04.1922 in der italienischen Stadt Rapollo zwischen dem Deutschen Reich und der neu gegründeten Sowjetunion geschlossen wurde.

Unterzeichnet vom Außenminister Deutschlands Walther Rathenau und Georgi Tschitscherin, Außenminister Sowjetrußlands. Dieser Vertrag normalisierte die Beziehungen Deutschlands und Rußlands, die ja im Ersten Weltkrieg Gegner waren. In Deutschland kam er jedoch in weiten Kreisen der Führungseliten, den rechten Studentenvereinigungen und dem Stahlhelmbund (ehemaligen Frontoffizieren und Soldaten) nicht gut an.

Profiteur des Vertrages wurde die Firma Mauser, die ihre Pistole C96 in großes Ausmaß für Rußland produzieren konnte. Der Versailler Vertrag verbot nur die Herstellung von 9 mm-Pistolen. Bis 1930 lieferten die Mauser-Werke 400.000 Mauser-Pistolen im Kaliber 7,63 mm nach Rußland.

Aber auch andere Firmen wie Junker, die ein Flugzeugwerk in Fili bei Moskau, sowie eine Flugschule mit Luftausbildungsbasis in Lipezk errichteten, beteiligten sich. Die Reichswehr gründete eine Ausbildungsstätte für Panzerbesatzungen in Kazan. Rußland erhielt von Deutschland moderne Waffentechnologien. Im Gegenzug hatte die Reichswehr die Möglichkeit, Soldaten an Waffen auszubilden, die Deutschland laut Vertrag nicht besitzen durfte. So wurden insgeheim neue Streitkräfte ausgebildet und aufgebaut. Diese Zusammenarbeit der beiden Staaten endete erst 1933.

W. Rathenau wurde Opfer eines politisch motivierten Attentates. Nur wenige Monate nach Vertragsunterzeichnung ist er von Mitgliedern der Organisation „Konsul“ am 24.06.1922 ermordet worden.

Die beiden Attentäter Erwin Kern und Hermann Fischer sind in ihrem letzten Versteck auf der Burg Saaleck bei Naumburg an der Saale (im heutigen Burgenlandkreis, Sachsen-Anhalt) am 17.07.1922 gestellt wurden. Bei der Verhaftung kam es zum Schußwechsel mit der Polizei. Ein Täter wurde erschossen, der zweite richtete sich selbst. Der damalige Pächter der Burg Hans Wilhelm Stein ist wegen Beihilfe verurteilt worden, da er beiden Unterschlupf gewährte.

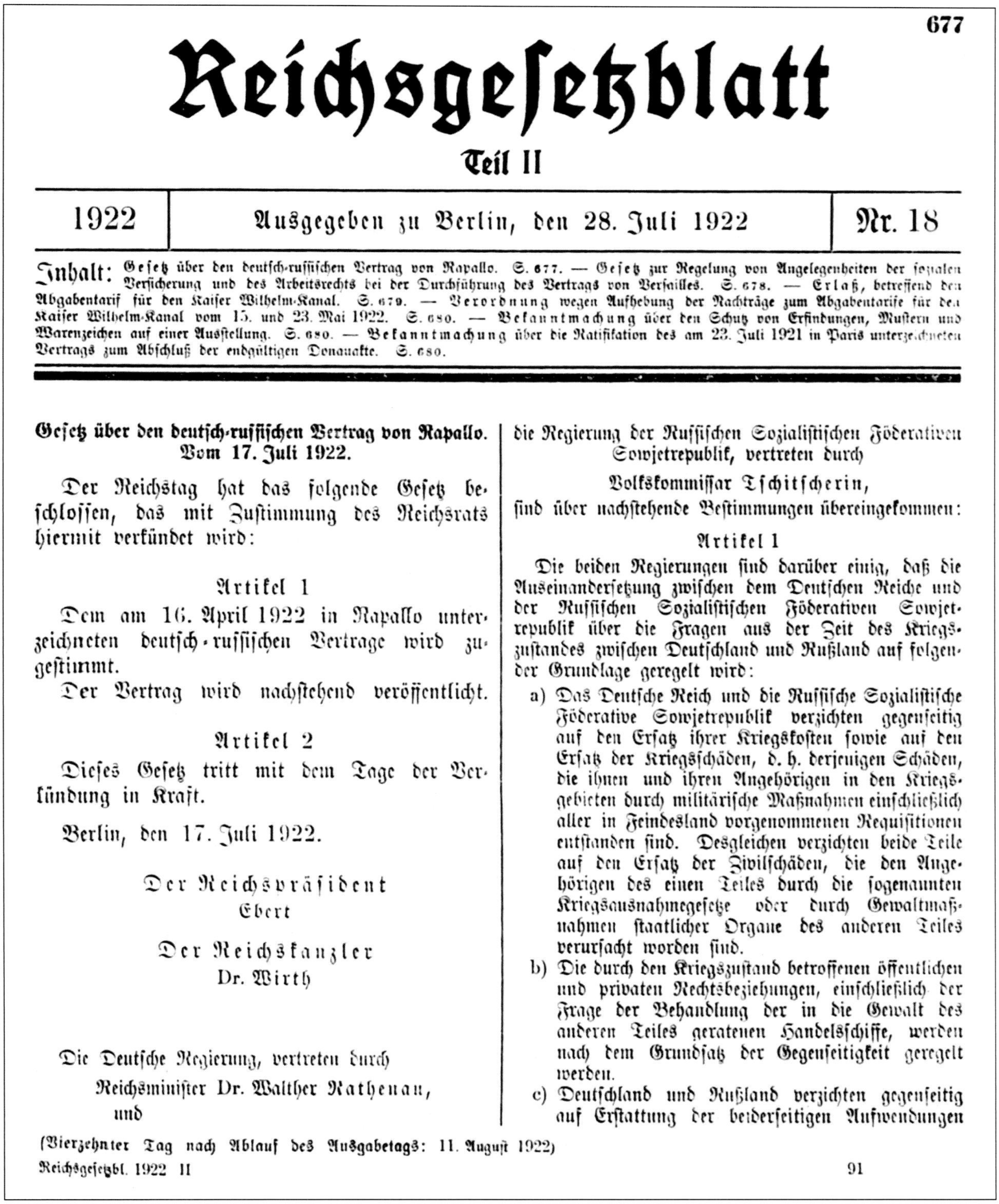

677

Reichsgesetzblatt

Teil II

1922 | Ausgegeben zu Berlin, den 28. Juli 1922 | Nr. 18

Inhalt: Gesetz über den deutsch-russischen Vertrag von Rapallo. S. 677. — Gesetz zur Regelung von Angelegenheiten der sozialen Versicherung und des Arbeitsrechts bei der Durchführung des Vertrags von Versailles. S. 678. — Erlaß, betreffend den Abgabentarif für den Kaiser Wilhelm-Kanal. S. 679. — Verordnung wegen Aufhebung der Nachträge zum Abgabentarife für den Kaiser Wilhelm-Kanal vom 15. und 23. Mai 1922. S. 680. — Bekanntmachung über den Schutz von Erfindungen, Mustern und Warenzeichen auf einer Ausstellung. S. 680. — Bekanntmachung über die Ratifikation des am 23. Juli 1921 in Paris unterzeichneten Vertrags zum Abschluß der endgültigen Donauakte. S. 680.

Gesetz über den deutsch-russischen Vertrag von Rapallo. Vom 17. Juli 1922.

Der Reichstag hat das folgende Gesetz beschlossen, das mit Zustimmung des Reichsrats hiermit verkündet wird:

Artikel 1

Dem am 16. April 1922 in Rapallo unterzeichneten deutsch-russischen Vertrage wird zugestimmt.

Der Vertrag wird nachstehend veröffentlicht.

Artikel 2

Dieses Gesetz tritt mit dem Tage der Verkündung in Kraft.

Berlin, den 17. Juli 1922.

Der Reichspräsident
Ebert

Der Reichskanzler
Dr. Wirth

Die Deutsche Regierung, vertreten durch Reichsminister Dr. Walther Rathenau, und die Regierung der Russischen Sozialistischen Föderativen Sowjetrepublik, vertreten durch Volkskommissar Tschitscherin, sind über nachstehende Bestimmungen übereingekommen:

Artikel 1

Die beiden Regierungen sind darüber einig, daß die Auseinandersetzung zwischen dem Deutschen Reiche und der Russischen Sozialistischen Föderativen Sowjetrepublik über die Fragen aus der Zeit des Kriegszustandes zwischen Deutschland und Rußland auf folgender Grundlage geregelt wird:

a) Das Deutsche Reich und die Russische Sozialistische Föderative Sowjetrepublik verzichten gegenseitig auf den Ersatz ihrer Kriegskosten sowie auf den Ersatz der Kriegsschäden, d. h. derjenigen Schäden, die ihnen und ihren Angehörigen in den Kriegsgebieten durch militärische Maßnahmen einschließlich aller in Feindesland vorgenommenen Requisitionen entstanden sind. Desgleichen verzichten beide Teile auf den Ersatz der Zivilschäden, die den Angehörigen des einen Teiles durch die sogenannten Kriegsausnahmegesetze oder durch Gewaltmaßnahmen staatlicher Organe des anderen Teiles verursacht worden sind.

b) Die durch den Kriegszustand betroffenen öffentlichen und privaten Rechtsbeziehungen, einschließlich der Frage der Behandlung der in die Gewalt des anderen Teiles geratenen Handelsschiffe, werden nach dem Grundsatz der Gegenseitigkeit geregelt werden.

c) Deutschland und Rußland verzichten gegenseitig auf Erstattung der beiderseitigen Aufwendungen

(Vierzehnter Tag nach Ablauf des Ausgabetags: 11. August 1922)

Reichsgesetzbl. 1922 II — 91

Der Vertrag von Rapallo im deutschen Reichsgesetzblatt, Teil II, vom 28. Juli 1922

Preußische Gendarmen um 1840.
Unteroffiziere zu Pferd und zu Fuß

Die Entwicklung des Polizeiwesens in den deutschen Staaten

Begriffserläuterung:

1. **Polizei: Griechischer Begriff Politeia, „Staatsverwaltung und Staatsverfassung“.**
2. **Gendarmerie: Französisch Gens d’armes für die „Bewaffneten“. Sie ist eine militärisch strukturierte Polizeikraft, die in Frankreich ihren Ursprung hatte.**

Die Entwicklung des Polizeiwesens in Deutschland ging einher mit der Gründung der militärisch strukturierten Gendarmerie Preußens 1812, frei nach napoleonischem Vorbild. Polizei und Gendarmerie hatten über die Aufrechterhaltung der öffentlichen Sicherheit und Ordnung im Land zu sorgen.

Mit der Gründung des Deutschen Kaiserreiches 1871 war die Polizei grundsätzlich Angelegenheit der Bundesstaaten. Das Reich hatte aber die Kompetenz, der Polizei als Institution straferforschende kriminalistische Aufgabenfelder zuzuweisen. Dies führte in den Ländern zur Bildung von Kriminalbehörden. Die unterschiedlichen Polizeirechtsordnungen der Bundesstaaten blieben aber erhalten.

Ein einheitliches deutsches Waffengesetz gab es im Kaiserreich nicht, nur eine Vielzahl lokaler Polizeiverordnungen in den Ländern. Der private Erwerb und Besitz von Feuerwaffen (Gewehre und Pistolen) war ohne Einschränkung jedem Bürger erlaubt. Über den Erwerb und den Besitz der Waffen gab es keine Registrierung sowie keine bürokratischen Dokumentationen. Zum Führen einer Waffe in der Öffentlichkeit, zum Beispiel bei Volksfesten, war aber ein Waffenschein erforderlich, der von städtischen Behörden ohne Weiteres ausgestellt wurde.

Die Polizeibewaffnung Anfang des 19. Jahrhunderts entsprach der Bewaffnung der deutschen Armeen mit Vorderladegewehren und Pistolen sowie Säbeln und Seitengewehren (Bajonette). Vereinzelt gab es bei einzelnen Polizeieinheiten auch Dreyse Zündnadelgewehre, die um 1860 modern waren. Ob es auch amerikanische Vorderlader-Revolver (Colts), die man im Zivilen schon erwerben konnte, bei der Polizei gab, ist mir nicht bekannt.

Mit der Reichsgründung 1871 war des Kaisers erste Aufgabe die Modernisierung der Armeen des Reiches. Gegen 1875 ist eine Kommission ins Leben gerufen worden (im Buch bereits erwähnt), die die alten Vorderlader-Pistolen und -Gewehre durch moderne Waffen einheitlich in allen Ländern des Reiches ersetzen sollte. Diese Modernisierung betraf natürlich auch die Polizei und Gendarmerie in den Ländern.

Dort bekam dato der Stadtpolizist neben seinem Säbel auch einen modernen Reichsrevolver zugeteilt. Bei der Landesgendarmerie erhielt der Fußgendarm einen Karabiner mit Seitengewehr, der berittene Gendarm seinen obligatorischen Säbel, einen Karabiner im Pferdeholster untergebracht, sowie einen Revolver am Koppel zu tragen.

Somit war die Modernisierung der Polizeien im Reich erst einmal abgeschlossen, aber die waffentechnische Entwicklung ging natürlich weiter.

Durch die Erfindung des neuen NC-Pulvers kamen nun Selbstladepistolen auf den Waffenmarkt. Viele Länder beschafften für ihre Ordnungshüter die neuen Mauser C96 Pistolen im Kaliber 7,63 mm sowie „Lange und Kurze" 08 Pistolen im Kaliber 9 mm Para, vorwiegend für Gendarmerieeinheiten. Für Landes- und Stadtpolizeien wurden Pistolen der Modelle FN 1900, 1910 und Dreyse im Kaliber 7,65 mm angeschafft. Die Kriminalbehörden der Länder orteten Pistolenmodelle von Browning und Dreyse im Kaliber 6,35 mm, welche eine Weltneuheit darstellten. Das waren alles neue Selbstladepistolen.

Ein einheitliches System zur Kennzeichnung von Dienstwaffen der Polizei im Kaiserreich kam nicht mehr zustande. Den Landesherren war eine prunkvolle Uniform für ihre Ordnungshüter wichtiger, als die Waffen zu kennzeichnen. Einzelne Polizeidienststellen versahen die Waffen mit Landeswappen und Stempeln. Diese individuellen Kennzeichnungen nahmen auch andere Dienststellen vor. Sie schlugen auch Inventarnummern oder Buchstaben ein. Alles auf eigene Rechnung und vom Dienstherrn nicht gefordert. Das führt dazu, dass es für einen Sammler heute schwierig ist, ein Pistolenmodell, welches „tatsächlich" in einer Polizeieinheit „geführt" worden ist, zuzuordnen.

Vor Beginn des Ersten Weltkrieges sind noch kurzfristig Feldgendarmerieeinheiten gebildet worden, um die militärische Disziplin bei den Fronttruppen zu sichern. Der Verlauf des Ersten Weltkrieges ist jedem ja aus der Geschichte bekannt. Deutschland kapitulierte, der Kaiser dankte ab und das Land bekam das Versailler Friedensdiktat zu spüren. Die Siegermächte wollten Deutschland entmilitarisieren. Diese Aufgabe musste die neu gegründete Weimarer Republik übernehmen.

Die Regierung erließ ein Dekret zur Entwaffnung des Volkes. Es wurde ja in der Vergangenheit über den Erwerb von Waffen nichts dokumentiert. Deshalb versuchte man, mit Geldprämien für die Abgabe einer Kriegswaffe zu werben. Dies wurde auch rege angenommen, denn was sollte ein Arbeiter oder Bauer mit einem Maschinengewehr anfangen, das er hatte verstecken müssen. So gab es Geld. Die Anzahl von legal erworbenen Kleinwaffen hielt sich jedoch in Grenzen und was die nach dem Krieg gebildeten Freikorpseinheiten an Kriegswaffen beiseite geschafft haben, kann man nur vermuten. Die weitere Verfahrensweise zur Entmilitarisierung des Landes nach den Vorgaben des Versailler Vertrages ist im Buch schon erwähnt.

Mit dem politisch motivierten tödlichen Attentat 1922 auf den Außenminister Walther Rathenau durch zwei Mitglieder der Organisation Konsul ist von der Regierung eine Waffengesetz-Novelle verabschiedet worden. Sie beinhaltete ein Gesetz zum Schutz der neuen Republik, welches sich primär nicht gegen Waffenbesitz, sondern gegen politische Organisationen richtete, die die Weimarer Republik beseitigen wollten.

Unabhängig von Attentaten und Umsturzversuchen, wie dem Kapp-Putsch, angezettelt von Freikorpssoldaten und Monarchisten, der aber misslang, trat die Regierung nicht zurück. Friedrich Ebert blieb Kanzler und regierte weiter. Es stellte sich allerdings heraus, dass die Polizei sich nicht neutral verhielt. Sie sympathisierte zum Teil mit den Putschisten. Dieses Verhalten der neugegründeten Polizei schadete deren Ansehen, denn sie war angetreten frei nach dem Motto „Die Polizei, dein Freund und Helfer", ganz im Sinne der Siegermächte.

Trotz alledem mussten die Reformen weitergehen, denn die Alliierten bestanden darauf. Nun scheiterte die Republik an einem Problem, welches schon im Kaiserreich zutage trat, die unterschiedlichen Polizeien der Länder zu einen. Aber das schlug schon fehl bei der gemeinsamen Kennzeichnung der Dienstwaffen. Der einzige Erfolg war die Pistole 08, die zur Dienstwaffe einheitlich eingeführt wurde und eine Doppelstempelung auf dem Hülsenkopf erhielt, zum Beispiel Herstellungsjahr 1916 1920, was einem Sammler in der heutigen Zeit das „tatsächliche Führen" in einer Polizeieinheit bescheinigt.

Es folgten weiter unruhige Jahre im Abschluss mit der Weltwirtschaftskrise Ende der zwanziger Jahre. Trotz dieser Widrigkeiten ist in Deutschland am 12.04.1928 ein neues Waffengesetz erlassen worden. Es löste die Gesetzesnovelle von 1922, die zum Schutz der Republik geschaffen wurde, ab. Der Inhalt war modern und wegweisend bis in die heutige Zeit.

Jetzt wurden Schusswaffenerwerbsschein und Waffenschein zur Pflicht. Die Herstellung von Feuerwaffen und deren Munition sowie auch deren Handel sind streng überwacht worden. Es führte die Begriffe „Zuverlässigkeit und Bedürfnis" ein, die bis heute für den legalen Waffenbesitz gelten. Wer in der Öffentlichkeit eine Schusswaffe tragen, „führen" wollte, musste einen Waffenschein beantragen. Um diesen zu erlangen, war ein Bedürfnis nachzuweisen, welches einer behördlichen Prüfung unterlag. Zuwiderhandlungen gegen die Vorschriften des Waffengesetzes wurden bestraft. Ziel war es, Extremisten den Zugang zu Waffen zu erschweren, um somit die Sicherheit im Land zu erhöhen.

Leider nutzten die Nazis nach ihrer Machtübernahme 1933 diesen Passus im Gesetz für ihre Zwecke aus und sprachen unliebsamen Bürgern, die nicht in das nationalsozialistische Weltbild passten, wie Mitglieder der KPD und SPD sowie deren Sympathisanten, die Zuverlässigkeit ab, um sie dann nach dem Gesetz entwaffnen zu können und einen Zugang zu Waffen zukünftig zu verhindern. Für die Machthaber wurde es leichter, einen Waffenschein zu erlangen. Anfang 1933, dem Wahljahr, ordnete H. Göring, Innenminister Preußens, per Erlass an, Mitglieder der SA und SS für eine Hilfspolizei anzuwerben. Nach Gesinnungsprüfung und Rechtsbelehrung war der Anwärter ein Hilfspolizist.

1936/37 hatte H. Himmler, Reichsführer SS und Chef der Polizei, die Umstrukturierung der Polizei soweit beendet. Die neue Polizei des Reiches war dato in 2 Hauptbereiche unterteilt. Der Bereich uniformierte Ordnungspolizei / OrPo umfasste Schutz- und Gemeindepolizei, Gendarmerie sowie Feuerwehr und Luftschutz. Sie war zuständig für Ruhe, Ordnung und Sicherheit im 3. Reich. Der zivile Bereich, Sicherheitspolizei / SiPo, vereinte staatlichen Sicherheitsdienst SD, die Kripo (Gestapo), den SD der SS, zuständig zur Bekämpfung von Staatsfeinden und allgemeiner Kriminalität. Für besondere Aufgaben sind die Einsatzgruppen der SS und Ordnungspolizei gegründet worden.

Die alten Stempelvorschriften der Weimarer Republik aus dem Jahre 1932 wurden abgeschafft. Ab sofort sind die Buchstabenkennzeichnungen, welche Hinweise auf die Verwendung der Dienstwaffe gaben, wie E. für Erfurt, Ka. für Kassel oder Op. für Oppeln, für neue Waffen nicht mehr gestempelt worden. Auf den alten Pistolen wurden diese Kennzeichnungen überstempelt oder blieben zum Teil erhalten.

Es wurde nur noch der „behördliche Abnahme-Stempel" sowie der „amtliche Beschuss-Stempel" auf die Waffe aufgebracht (gestempelt). Diese Arbeiten übernahmen die Hersteller mit amtlich bestellten Behördenmitarbeitern. Des Weiteren sind die von Herstellerfirmen auf die Pistolen aufgebrachten Firmenlogos wie Walther-Schleife oder Mauser-Tonne und andere Fabrikbezeichnungen durch Buchstaben-Codes oder Nummern ersetzt worden.

Code-Bezeichnungen für Geräte und Waffen (Pistolen und Gewehre)

Die neugeschaffenen Herstellercodierungen mit Buchstaben und Zahlen sollten die Firma und den Herstellerort sowie das Land, in dem hergestellt wird, verschlüsseln (verschleiern).

ac. für Carl Walther Zella-Mehlis Thüringen

byf. für Mauser-Werke Oberndorf am Neckar, ab 1934 S/42

ce. für Sauer & Sohn Suhl Thüringen

Mit Beginn des Krieges fielen Beutewaffen an. Sie sind in den „Kennblättern Fremdes Gerät" registriert und nach Ländern gekennzeichnet worden. Eine Pistole ist mit einem kleinen Buchstaben in Klammern gekennzeichnet. Zum Beispiel: (b) belgisch, (t) tschechisch, (r) russisch, (f) französisch usw.

Die Waffe hätte durch einen zuständigen Beamten überprüft, abgenommen und gestempelt werden müssen. Ob das in der Praxis (Front) konsequent befolgt wurde, ist aber fraglich. Stempelungen allein bieten keine sichere Zuordnung einer Waffe. Sie sind nicht fälschungssicher.

Nach einem Hitler-Erlass 1941 mussten Polizeieinheiten bei Verlust von Waffen auf Beute zurückgreifen. Denn neu produzierte Pistolen erhielten nur Kampfeinheiten wie Wehrmacht und Waffen-SS. Dieser Erlass sorgt für ein noch größeres Durcheinander bei den Kennzeichnungen und folgenden Zuordnungen der Waffen.

Fiktives Thema Sammler-WBK:

„Faustfeuerwaffen der deutschen Polizei von den Anfängen bis 1932"

Einlassung Klemens Künneke

> *Wer will einheitlich einwandfrei feststellen, ob eine über 90 Jahre alte Faustfeuerwaffe zur Bewaffnung der deutschen Polizeien gehört?*
> *Die Modelle stehen zwar fest. Aber ob ein spezielles Exemplar wirklich zum Sammelgebiet gehört, lässt sich in den wenigsten Fällen einwandfrei dokumentieren. Auch Eigentums-Abnahmezeichen helfen nicht weiter. Diese wurden nicht immer eingeprägt und viele der vorhandenen Stempelungen sind in jüngster Vergangenheit nachträglich angebracht.*
> *Der Text der Berechtigung provoziert Verfälschungen.*

Klemens Künneke ist Diplomverwaltungswirt (FH) und war über 40 Jahre behördlicher bzw. öffentlich bestellter und vereidigter Waffensachverständiger.

Schutzpolizei in der Weimarer Republick von 1924 bis 1934

Bezugsliteratur (im persönlichen Besitz)

Ralf Manhart / Bernd Königs
Die reglementierten Faustfeuerwaffen der deutschen Streitkräfte und Polizei 1871 bis 1956. Köln, 1999

Dieter H. Marschall
WALTHER – Verteidigungspistolen Modell 1 bis P99. Schwäbisch Hall, 1997

Klaus-Peter König / Martin Hugo
WAFFENSAMMELN – Die wichtigsten Pistolen und Revolver seit 1850. Stuttgart, 1993

Karl Fischer
Waffen- und schießtechnischer Leitfaden für die Ordnungspolizei. Berlin, 1944

Klemens W. Künneke
Kennblätter fremden Gerätes. Originalgetreuer Nachdruck, Hannover, 1989

Dieter Schulz
Das große Buch der Deutschen Volkspolizei. Berlin, 2013

I. V. Hogg
Die deutschen Pistolen und Revolver 1871 bis 1945. Stuttgart, 1989

Jaroslav Lugs
Handfeuerwaffen, Band 1 und 2. Prag, 1956

Reiner Lidschun / Günter Wollert
Infanteriewaffen gestern, Band 1 und 2. Brandenburgisches Verlagshaus, 1996

Jean Huon
Geschichte der Mauser-Pistolen. Verlag Stocker & Schmidt, 2009

VISIER SPEZIAL
Nr. 29 – *Deutsche Polizeipistolen;* Nr. 48 – *Pistole 08;* Nr. 60 – *Die Mauser-Pistole C96* / Bad Ems

Dienstvorschrift DVP Nr. 66
Pistolen der Polizei. Hauptverwaltung der DVP, DDR-Berlin, 1950 (Nachdruck)

Zeitschriften
VISIER Ost und West, Deutsches Waffenjournal (DWJ), Armeerundschau (AR)

Anmerkung zur Sammlung

Die genannte Literatur ist Bestandteil einer umfangreichen Sammlung von Fachbüchern zu den Themengebieten **Waffen, Technik und Geschichte** über die Jahrhunderte – von den ersten Hieb- und Stichwaffen über das Aufkommen der Feuerwaffen bis hin zu den Waffen der Neuzeit.

Die Sammlung umfasst Abhandlungen zur **Entwicklungsgeschichte und Verwendung von Waffen bei Militär und Polizei** in ganz Europa.

Der gegenwärtige Bestand umfasst **rund 100 Fachbücher**, ergänzt durch eine Vielzahl von **Bedienungsanleitungen, Dienstvorschriften (Nachdrucke)**, **Herstellerkatalogen** und **Fachzeitschriften**.

Anhang

Kunsthandwerk zu DDR-Zeiten
Blankwaffen

Gefertigt Anfang der 80er Jahre von Olaf Koch.
Einige noch im Privatbesitz befindlichen Modelle.
Hergestellt in Handarbeit!
Die Klingen sind aus Feder- oder Werkzeugstahl geschmiedet und gehärtet.
Ihre Oberflächen geschliffen sowie anschließend hochglanzpoliert oder blau angelassen (gebläut), in Ausnahmefällen auch verchromt. Die Handhabung (Griffe) aus Stahl, Messing und aus Edelhölzern (Eiche und Nußbaum) gefertigt.
Die Nachfrage war immens, aber es sollte ja nur ein Hobby von vielen bleiben.

URKUNDE

2. Platz

FÜR VORBILDLICHE LEISTUNGEN

im künstlerischen Volksschaffen 1983

„Militärisches Basteln u. Kunstgewerbe"

wird

Gen. Koch

WKK Weißenfels

Dank und Anerkennung ausgesprochen

Roßlau, den 27.08.83

Perske
Oberst

Pistolen der Polizei in der sowjetischen Besatzungszone SBZ ab 1945

Foto der Pistolen der Polizei SBZ ab 1945.
Quelle: VISIER - Zeitschrift für Sportschießen und Waffenkunde der DDR, Heft Nr. 12/1989